メガシティ 6
Megacities
Vol.6 Further Concentration in Megacities

高密度化するメガシティ
村松 伸／岡部明子／林 憲吾／雨宮知彦 編

東京大学出版会

Megacities
Vol.6 Further Concentration in Megacities
Shin MURAMATSU, Akiko OKABE, Kengo HAYASHI & Tomohiko AMEMIYA, editors
University of Tokyo Press, 2017
ISBN 978-4-13-065156-1

シリーズ刊行にあたって

　人類と地球のサステイナブルな未来は，メガシティに大きく委ねられている．では，私たちはそれにどのように対処したらいいのだろうか．これが本シリーズ全6巻を貫く中心的問いである．地球の総人口は現在73億人（2015年），やがて，100億人になろうとしている．都市人口は2008年に地球総人口の半分を超え，人口1,000万人のメガシティは18都市，400万人以上のメガシティ予備軍にいたっては53都市に上る．その人口の多さと集中度からメガシティがもたらすさまざまな負荷はとてつもなく巨大である．

　グローバルには温室効果ガスの排出，自然資源・水産資源などの大量消費，海洋汚染，ローカルには大量廃棄物，河川の汚濁，疫病の発生等々，メガシティを筆頭に都市は，人類と地球を危機に陥れる張本人として取り扱われてきた．しかし一方，都市の誕生は，火の使用，農業の発明に匹敵する人類の文明の重要な画期のひとつと見なされる．非都市から人々をひきつけ，教育，福利，安心と安全を提供し，人類の発展に寄与する多数の飛躍的発明・発見も都市が育んできた．

　地球環境問題のひとつとしてメガシティが俎上にのぼる際の現在の通俗的な視点を疑い，人類の長い歴史の中でメガシティの意味を再考したい．これが，総合地球環境学研究所（略称，地球研）の2009年度から2014年度の6年間にわたるプロジェクト「メガシティが地球環境に及ぼすインパクト：そのメカニズム解明と未来可能性に向けた都市圏モデルの提案」（略称，メガシティプロジェクト）の目的であった．本シリーズは，その巨大プロジェクトの大きな成果のひとつである．

　本シリーズ全6巻は，次のような内容となる．
　第1巻『メガシティとサステイナビリティ』は，本シリーズの総括にあたり，第2巻から第6巻までの全体像を概括するとともに，メガシティを通して人類と地球のサステイナビリティを確保するための指針とアイデア，すなわ

ち，都市サステイナブル指標（CSI）と，その応用手法，さらに介入指針と手法を提案する．

　第2巻から第4巻は，分析編と言える．第2巻『メガシティの進化と多様性』は，現在存在している18のメガシティについて，歴史的な比較をおこない，なぜ，これらの都市が巨大化したかに焦点をあて，6つの都市発展経路の存在，すなわち都市地域生態圏を提唱する．さらに，人間が生きる最小の単位である居住環境の全球全史的ふるまいが引き起こす正負の影響を詳細に解明する．第3巻『歴史に刻印されたメガシティ』は，東京首都圏について巨大なインドネシアのジャカルタ首都圏をとりあげる．この都市がなぜ，メガシティとなったかについて，16世紀から20世紀までの500年間を，気鋭の歴史学者たちが新たな視点と新たな史料から，分析をおこない，歴史から現在，未来への教訓を導き出す．第4巻『新興国の経済発展とメガシティ』は，経済学的視点から新興国メガシティの代表としてジャカルタ首都圏の現状とその未来に対して，新興国経済の新たな発展モデルと環境政策を提案する．

　第5巻，第6巻は，本シリーズの応用編と言えるだろう．メガシティで生じている様々な不具合を，無秩序な郊外の拡大・スプロール化と都市内部における高密度化の2つの現象に分け，学際的に分析する．それぞれ，第5巻『スプロール化するメガシティ』，第6巻『高密度化するメガシティ』で，建築家，ランドスケープ家たちがジャカルタ首都圏を事例として，具体的な介入の方針とその手法を提示する．

　これらシリーズ全6巻の特色は，以下，4つにまとめられよう．
　第1は，地球環境とメガシティ（および，都市一般）を捉える統合的見方の提示である．メガシティは人口においても，空間においても，人類が初めて直面する巨大さを有し，また，環境，社会，経済など複雑な有機体である．ひとつの学問での捕捉は容易でない．そのため，メガシティプロジェクトには，経済学，歴史学，宗教学，人口学，水文学，景観学，建築学，社会基盤学，都市計画学など多数の学問分野の研究者や専門家が参集した．しかし異なる学問の融合は，それほど容易ではない．多数の学問的成果の機械的な結合でなく，複雑なメガシティを一体として統合的に分析することを試みた．

第2は，全球18のメガシティの比較である．既存の研究では個別のメガシティの分析が多い中，地球規模に視野を拡大して，比較の視点を提示したことも本シリーズの特色である．それは地球全体を覆う大量のデータが近年簡便に利用できるようになった結果である．そこで明らかになったのは，都市は決して一様ではなく，都市地域生態圏という6つの単位に分類でき，課題への対処の仕方も決して世界一律ではなく，複数存在するという仮説である．

　第3は，現在だけでなく，歴史を重視する点である．メガシティと地球環境というきわめて現代的な問題の原因は，現在の分析からのみでは解明されない．歴史の中に深く分け入って初めて探求できるという，きわめて当たり前のテーゼは，しかし，サイエンスの一分野として地球環境を考える場合，これまでえてして軽視されてきた．それは，自然科学が取り扱う1年から5年程度の近過去ばかりでなく，歴史学が得意とするように，100年前，さらに500年前まで遡り，そこから不具合の原因，また，過去の成功・失敗から得られる知恵や教訓を獲得することが重要であるからに他ならない．これは歴史学の本質的使命であり，本シリーズの重要な研究手法のひとつである．

　最後第4の特色は，メガシティの分析だけでなく，それを具体的にどうすべきかの提案まで言及している点にある．近年の地球環境学は，現状がどうであるかという従来の認識論的立場の上に，どうすべきかという設計論も取り込んでいる．さらに，それをどのように専門家以外の多数の人びとに伝達するかの社会との連携も含まれる．本シリーズは学際研究の上流から下流にかけて一貫した，総合学としての地球環境学の構築に関心を向けている．

　メガシティと地球環境の複雑な関係の解明，その不具合の解決，それぞれのメガシティが有する特質の育成などについて，学問的考究は都市人口が世界人口の半分を超えた2010年前後に，世界のいくつかの地域で同時多発的に始まった．世界に先駆けてその難題に立ち向かったメガシティプロジェクトの成果として，このシリーズ全6巻をここに広く開示したい．

シリーズ編者　村松　伸

重要用語解説

　本シリーズには，似通った用語や曖昧な用語が頻出する．それを読み解くために，重要な用語について本シリーズにおける定義と解説を示しておく．くわしくは本文でも述べる．

都市：都市の定義は学問領域，関心対象，時代，文化などによって変わるため，多様である．本シリーズでは，人口密度が 2,000 人/km^2 以上の場所と定義する．ここでの人口密度は LandScan のデータに基づき，昼夜間平均人口を用いている．

メガシティ：人口 1,000 万人以上の都市．現在（2015 年），地球上に 18 存在する．

人類のサステイナビリティ：人類が恒久的にゆたかに存続し続けられる状態．なお，英語の sustainability は，長期にわたってゆたかに持続可能な状態であることを意味する．そのため，どのような状態がサステイナブルなのかということが議論の中心となる．他方，日本語では「持続可能性」という用語が使われるが，持続可能性という用語からは，どれくらい持続可能かという，問題としている主体の持続の可能性の程度に重点をおいている．この場合，持続可能な状態とは何かが問われず，誤解を招きやすい．そこで本シリーズでは，持続可能性という言葉を用いず，カタカナのサステイナビリティという用語を用いている．

サステイナブルな都市：恒久的に，環境に関する制約条件を満たし，かつ，機会と分配の両方における経済的・社会的な公平性に関する制約条件を満たしながら，経済的・社会的な満足度（純便益）を最大化している都市．

環境：直接的・間接的な影響を相互に与える人間や生物の周辺の領域・状態．学問領域によって，「環境」という言葉は異なる意味で使用される．一般的には，「環境」というと，局所的な自然環境を想起することが多いが，本シリーズでは地球環境，局所環境，自然環境，居住環境，建造環境などを区別し，一般的に「環境」というときはそれらの総称を意味する．

地球環境（⇔局所環境）：地球全体を 1 つの領域として捉える環境．この環境の健全化は，人類のサステイナビリティを実現するうえで重要な要素である．グローバルな環境と呼ばれることがある．

局所環境（⇔地球環境）：地球上の特定の領域．地球環境の一部を構成する．ローカルな環境と呼ばれることがある．

居住環境：局所環境の 1 つであり，人の日常生活が営まれている領域．居住環境の理解は，日常生活を持続させ，結果的に人類のサステイナビリティを実現させるうえで重要な要素である．

自然環境（⇔建造環境）：局所環境の1つであり，生物，地質，それらがおりなす生態系や景観からなる環境．時として「自然」と呼ばれる．

建造環境（⇔自然環境）：局所環境の1つであり，人類が地球に建設した構築物が形成する領域．Built Environment の日本語訳であり，人工環境，構築環境とも呼ばれることもある．

ランドスケープ：生物の生態や水文，気候，地質などの物理的特性に加えて，人間と自然の関わり方，歴史的・文化的特性を含めて地域を総合的に捉える学問の概念．

エコロジー：狭義には生物と環境との相互作用を扱う生態学という学問を指すが，広義ではその概念を人間にまで拡大し，調和を追求するエコロジー運動を示す．

都市地域生態圏：歴史的に形成された自然生態系と人間活動のまとまりである．地球上に，モンスーンアジア，中緯度乾燥，北方ユーラシア，北米・オセアニア，ラテンアメリカ，サブサハラの6つの都市地域生態圏がある．

郊外化：都市の急激な発展にともない，その郊外部が拡大していく現象．計画的な秩序のある拡大も，無秩序に拡大するスプロール化も，あるいはそれらの結果として起こりうる中心市街地が空洞化したドーナツ化現象なども含んだ概念．

スプロール化：都市の急激な発展にともない，その郊外部が無秩序に拡大していく現象．都市地域生態圏によって，その意味・現象は異なる．

スラム：都市部において貧困層が過密に居住する地区のこと．

ラディカル・インクリメンタリズム：「既存物的環境を尊重する」という考えを重視するミクロ介入手法である「インクリメンタリズム」（増分主義・漸進主義）を基礎として，既存都市組織を長い目で見て尊重しつつ，思い切った変更を積極的に加えるという「ラディカル」（急進的・過激な）な姿勢．

ミクロ介入：既存の都市計画が持つ弱点を克服するために，特定の地域エリアを対象に外部者がある目的を持って，即時的かつ即地的にエリア内の居住環境や活動に直接的な影響を及ぼすこと．

トリプル・ベネフィット：環境，社会，経済の3分野の問題を同時に取り扱い，その3分野において同時に便益を追求すること．

シリーズ各巻編者一同

目 次

シリーズ刊行にあたって　i
重要用語解説　iv

1　総説：メガシティと貧困　………………………………………………　1
1.1　巨大スラムと内在する格差　1
1.2　先進国都市の高齢化と移民増　3
1.3　貧困から生まれるイノベーション？　4
1.4　本巻の構成　5

2　貧困・都市・気候変動　…………………………………………………　7
2.1　貧困と都市　7
2.2　気候変動と都市　19
2.3　気候変動と貧困　22
2.4　スラムから発想する地球環境対策へ　29

3　ジャカルタのカンポン：スラム化と集住の知恵　……………………　35
3.1　はじめに　35
3.2　高密度化するカンポン　36
3.3　百年カンポンの形成　41
3.4　住民からみた都市カンポン　57
3.5　温熱環境とコミュニケーション　69
3.6　百年カンポンの蓄積と知恵　76

4　チキニにおけるミクロ実践　……………………………………………　85
4.1　はじめに　85
4.2　ミクロ介入はアーバニズムに接続するか　87
4.3　私たちが実践してきたこと　94
4.4　ミクロ介入を広域に運ぶために　169

5　スラム化の経緯と実態，超高密度が生む知恵：チキニを事例に　…　175
5.1　はじめに　175
5.2　チキニ地区形成の経緯　176
5.3　ジャカルタと水，チリウン川　184

5.4 高密度化過程で何が起こっているのか　190
5.5 高密度化への適応の知恵に潜在する低環境負荷のライフスタイル　229

6　ラディカル・インクリメンタリズム ･･････････････････････････････････ 235
6.1 はじめに　235
6.2 現代スラムが地球を救うという論理　237
6.3 2種の統合的アプローチ　240
6.4 ラディカルな姿勢を併せもったインクリメンタリズム　245
6.5 ラディカルの先にあるもの：生態系のうちから介入する　249

〈座談会〉高密度化するメガシティ ･････････････････････････････････････ 255

1 総説：メガシティと貧困

1.1 巨大スラムと内在する格差

　途上国では，1960年代以降，都市への人口流入が急増した．とくに各国首都をはじめとした大都市に人口が集中した．1975年には，1,000万の人口集積を超えるメガシティは，ニューヨーク，東京，メキシコシティの3都市といわれた．その後，メガシティの数は20に迫るまでに増えたが，新たに加わったのはほとんどが途上国の大都市である．
　しかし，都市には流入した人たちを受け入れるのに十分な雇用も住まいの受け皿も整っていない．彼らは定着する場所を自力でなんとか確保する．こうして大都市に，安定した仕事のない人たちが自力建設した住居の集まるスラムが増殖していった．スラムには，貧困層が必然的に多く暮らしている．
　都市が巨大化するのにともなって，スラムの集積も大規模化していった．今日では50万人以上が集住するスラムを抱える途上国大都市が複数存在する．ナイロビのキベラスラムは，スラム人口比率の最も高いアフリカにあって最大規模の巨大スラムで，その人口は100万人に及ぶ．ラテンアメリカ都市では斜面地にスラムが形成される傾向にある．リオのファヴェーラと呼ばれる傾斜地の巨大スラムをキャンバスに，フランス人アーティストJRはまちを見下ろす眼をいくつも描いた．ムンバイのダーラヴィは，ここを舞台にした映画『スラムドッグ＄ミリオネア』が2008年，空前のヒットとなり，スラムの象徴的な存在になった．およそ60万人が暮らしているといわれる巨大スラムである．
　都市の貧困問題自体は，産業革命後の先進国都市がすでに経験したこととはいえ，当時の大都市とはせいぜい100万人規模で，今日メガシティが直面して

いる人口集積とは一桁違う．近代化にともなって浮上したスラムは，今日メガシティに生成している現代スラムとは区別して扱い，近代スラムと呼ぶとしよう．現代都市の貧困問題は，近代のそれとはスケールのみならず，社会構造的にも異なる．近代スラムが工業化による都市成長の現れだったのに対して，現代スラムは工業化なしの都市化にともなって生成したものである．近代スラムに住む人たちは都市の働く場に引っ張られて農村を離れた．現代スラム居住者の多くは，都市に雇用が創出されたわけではないのに，都市に流入している．自らの意志で農村よりもよい生活を求めて都市を指向している点では，近代も現代も同じといえるが，状況的に農村から押し出されて都市にやってきている[1]．他方，近代スラム居住者は，製造業で働き賃労収入があった．不当に低い賃金に甘んじていたり，労働環境が劣悪だったりする問題はあったものの，安定した収入を得る見通しがあった．

現代スラム居住者の多くは，バイクタクシーをしていたり，自宅の軒先でお惣菜をつくって売るなど，いわゆるインフォーマルな仕事で日々の生活費を稼ぐその日暮らしをしている．現代スラムと近代スラムでは，住人の就労実態が大きく異なる．貧富の格差が大きく，都市サービスインフラが未整備なほど，インフォーマルビジネスのパイは大きくなる．古典的な家政婦的仕事から始まり，低所得層の安い労働力で，富裕層のあらゆるサービスニーズにインフォーマルに応えていくしくみである．したがって，富裕層が集まって暮らす地区に隣接して，寄生するようにスラムが形成されていく．郊外に富裕層向けのまちが開発されればそれに寄生して新たなスラムが自然増殖する．中心部のスラムの一部を再開発してオフィス商業地区ができると清掃など付随したサービス需要やインフォーマルな仕事のチャンスが増える．クリアランスされた地区から移り住んだり，仕事との近接性から住人が増えて，隣接するスラムの密度が一段と高くなり，環境はさらに劣化する．グローバルな経済開発が途上国メガシティを急成長させ，格差が拡大して都市内各所で貧高の分断を先鋭化させているのだ．

経済成長と格差拡大が並走する過程で，貧富の社会的な崖が，新規に開発された郊外にも再開発された中心部にも増えてきている．近代都市の貧困が，郊外に建設された工場を核にして，都市の縁辺部に広がったのとは異なり，現代

都市の貧困は，中心か郊外かところかまわず，貧富を隔てる壁が断片化して，広大化したメガシティに無数に突き刺さり，あちこちで社会的緊張を高めている．

1.2 先進国都市の高齢化と移民増

　他方，先進国都市も貧困問題を解消できたとはいえない．世界最大の集積規模を持つメガシティである東京では，次世代の貧困のかたちがしのびよっている．わが国の貧困の拡大は，高齢化率と強い相関関係にある．かつて大都市のドヤ街には日雇いの若者が集まり高度経済成長を支えたが，今や貧困単身高齢者のまちになっている．大都会の単身高齢者は，他人との付き合いが希薄で，ひとり孤独に貧困に陥る場合が少なくない．それが，広大なメガシティのいたるところで起きていて，確実にその数を増やしていっている．貧困の中に孤立死する高齢者が，今すぐ隣で出現してもおかしくない状況になっている．

　欧米先進国都市では，移民の貧困問題が重くのしかかっている．政情不安や気候変動が契機となり，今の地で暮らし続けることに絶望して，他国に渡ることで望みをつなぐ移民が後を絶たない．彼らは先進国の大都市に流れ着き，不安定な仕事で当面食いつないでいくしかない．テロなど犯罪組織と表裏一体のインフォーマルなネットワークに頼らざるをえない状況に置かれることがしばしばである．欧米都市のただ中に，移民貧困層と富裕層を隔てる，越えることのできない壁がよりはっきり見えるようになってきた．移民二世三世の若者の不満が都市全体の社会的安定性を脅かす事態となっている．先進国都市の移民問題もまた，グローバル化したメタ次元のメガシティの貧困問題と解釈できよう．

　集積規模を拡大し続ける途上国メガシティでは，巨大スラムが一大スペクタクルと化しているのみならず，断片化した貧富の壁が都市の内部にところかまわず痛々しく突き刺さっている．先進国では，高齢者や移民の間に広がる貧困の暗雲が漠とした不安となって都市全体を覆っている．

　このように，先進国，途上国の別なく地球上のメガシティの文脈で貧困問題をみてみると，貧困層の底上げのために経済開発すればよいという単純な図式

ではないことがわかる.

1.3 貧困から生まれるイノベーション?

　他方,貧困の量的集積がイノベーションを生んでいる.格差が持続する現実の社会にあって,貧困層が何とか生き延びるためにやってきたインフォーマルなサービスから旧来の発想を超える新しいビジネスが生まれている.

　モバイル通信ネットワークの普及がめざましいアジア地域では,タイのラインマンやインドネシアのゴジェックなど,そもそもはインフォーマルな仕事だったバイクタクシーとモバイル通信インフラが結びつくことで,安価で使い勝手のいい都市サービスインフラに進化しつつある.いざというときの子どもの学校の送り迎えやベビーシッター,料理のデリバリー,人気のコンサートチケットを並んで入手することなど,あらゆる生活サービスを提供するようになってきた.先進国では,既存サービスインフラの存在やトラブルのときの責任の所在などクリアすべき問題が障害となって実現していないことが,途上国のアジアで先を越して自然発生的に広がっている.

　また,巨大スラムでは,スラム内の内発的インフォーマル経済が必要に迫られてできている.ダーラヴィを舞台とした先の映画は,インドの小説家スワラップの『Q&A(ぼくと1ルピーの神様)』(2005年)が原作で,ダーラヴィに住む孤児だった青年が,テレビのクイズ番組で勝ち抜き,1億ルピーの賞金を手にする話である.生と死,善と悪が,それぞれ半分ずつあるような日常で,自力で人生を切り開いていく人たちが描かれている.現在,再開発圧力が強まるなか,5,000にのぼる多様な製造業の事業所があるといわれている.7割の住人がダーラヴィ内で仕事している.廃棄されたものは域内で最大限活用され,域内のものづくりの原料に回ることもある.ダーラヴィの域内プラスチックのリサイクル率は80%にもなるという.低賃金労働や工場における健康被害など多くの問題を抱えてはいるものの,産業連環が域内でできていて競争力を発揮できている.

　ダーラヴィをはじめ,有名になるとブランド化されスラムツーリズムが生まれる.スラムツーリズムも,そして,結果的に犯罪に手を貸す仕事さえも,そ

の是非はともかく，ここでは多様な産業のうちのひとつである．

　貧困は，いうまでもなく目を逸らすことのできないメガシティの大きな課題である．他方，地球規模で環境負荷を最小化し，持続可能な社会へ導く道筋は，先端技術開発からは容易に見えてきそうにない．むしろ，極限の高密度の，メガシティの貧困を揺籃に湧くイノベーションのほうが，社会のしくみを持続可能な方向へ転換しうる潜在力を持っているかもしれない．

1.4　本巻の構成

　本巻ではまず，第2章で，貧困・都市・気候変動の三者の相互関係がどう推移してきたかを考察し，現代スラムが，貧困と気候変動双方に統合的にアプローチするにあたり戦略的に要に位置づけられることを示そうとした．

　第3章以降は，シリーズを通して対象としてきたメガシティ・ジャカルタを事例に，中心部の高密度居住に焦点をあてる．現在，高密度居住地区となっているところは一般的にカンポンと呼ばれ，そのルーツをたどると植民地期にまでさかのぼるものが大半である．そこで，第3章では，集住地の既存組織を大きく変えずに高密度化し今日に至っているカンポンを，百年カンポンと名付けた．そして，高密度化・スラム化に耐え，必要に迫られて適応することにより培われた集住の知恵を，温熱環境とコミュニティの関係に探った．

　第4，5章は，高密度化した百年カンポンの事例として，中心部に位置するチキニという地区を対象としている．四方八方から再開発が押し寄せ，カンポン的集住地が狭められ，現在は5,000人程度が暮らしている．壁の向こうには富裕層のキラキラしたまちがあり，メガシティの中心部で貧富の壁が歴然とわかる場所である．そもそも一帯は，数十万人が暮らす川沿いに長いカンポン的集住地だった．

　インフォーマルな集住地では，研究成果を実装するという定石に限界を感じ，実践型研究で挑んだ．第4章は，チキニをフィールドとしたデザイン実践のミクロ介入プロジェクトの記録である．インドネシアと日本の両大学学生が参加した．水との付き合い方をともに考えるきっかけにしようと，どぶ川にブランコを架けるインスタレーションを行なった．また，共用の小さな建物をコ

ミュニティといっしょにつくって,通風や採光をちょっと工夫することで快適性が増すことをみんなで体感した.

　第5章は,実践と並行して行なってきた調査研究である.高密度化にともなって何がどう変化してきたのか.水との付き合い方は数十人の村だったころと変わっていないがゆえに,高密度化して環境悪化した.他方,必要に迫られた水回りなど空間のシェアのおかげで,超高密度居住でもなんとか成り立っている.その背景には,土地の伝統的なゆるい所有形態がさいわいしていることがわかった.いずれも実践を通した気づきが発端となった研究であり,ともに物的環境をつくる実践で培われた信頼関係なくしてできない調査研究だった.

　現代の貧困はグローバルな社会経済システムの現れである.つまり,対症療法的な即効性のある貧困対策がありえない半面,現代スラムに戦略的に介入することで貧困と地球環境問題の双方に統合的にアプローチできるといえる.最後に第6章では,チキニをフィールドとした実践型研究から学んだことを発展的に考察し,メガシティの文脈で,高密度化に適応する人びとのたくましさを活かして,貧困に取り組む方向性を提示しようと試みた.(岡部明子／村松伸)

注
(1) 産業革命以降の先進国の都市化と途上国における都市化の違いを,〈引っ張り要因〉と〈押し出し要因〉という考え方で,最初に問題提起したのが,Davis, K. and Hertz Golden. H. (1954). Urbanization and the Development of Pre-Industrial Areas, *Economic Development and Cultural Change*, 3 (1), 6-26. であった.

2 貧困・都市・気候変動

2.1 貧困と都市

2.1.1 社会問題化する現代スラム

スラム[1]とは,「基本的には居住環境の物理的悪化の程度を基準として措定されている概念」(新津, 1989), すなわち居住の貧困である.

途上国が経済開発に踏み出した 1960 年代以降, 首都をはじめとした大都市には, スラムが出現し増殖していった. 当初スラムは, 経済成長の一時的な副産物とみなされた. やがて自然に解消するという楽観があって, 放置された. また, 幹線道路整備や大規模再開発により強制撤去された. 中心的立地のスラムは都市イメージ向上のためクリアランスされることもあった. スラム居住者は, 立ち退かされても, 補償や代替地を要求できるような立場にはそもそもなかった.

しかしながら, 立ち退きを余儀なくされた人たちは, 中心部からより離れた郊外のスラムに落ち着くのが常だった. 生活・交通双方のインフラへのアクセスが以前より悪く, 一段と劣悪な環境に居住する場合が少なくなかった. スラム化が都市の社会問題となり, スラム対策が真剣に考えられるようになった.

2.1.2 近代スラム対策:クリアランスと住宅供給

スラム問題は, 1960 年代の途上国都市に始まったわけではない. 先進国都市は産業革命後の都市への急激な人口流入を経験した. スラムが自然増殖し, 居住の貧困は都市全体の社会不安を招いた. 政府は, 疫病の源となっていた不衛生で高密度なスラムを撤去して, 既成市街地の外に公的住宅を建設し, スラ

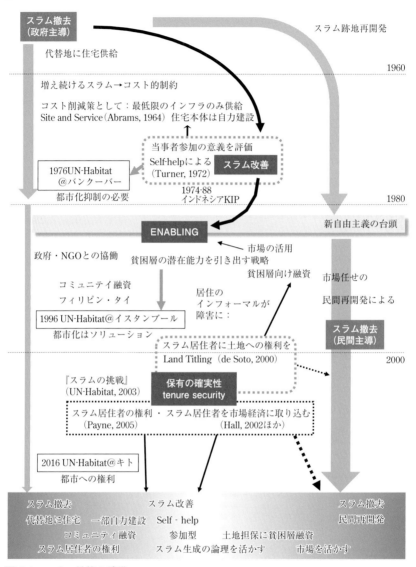

図 2.1　スラム対策の系譜

ム居住者に代替住宅として提供した．ロンドンでは，19世紀末，縁辺部に最低限の居住条件を満たす条例住宅を整備して，スラム化を未然に回避しようとした．他方，都市計画・居住に関する近代法制度が，各国で整備されていった．すなわち，先進国産業革命後の近代スラム対策は，政府主導によるアフォーダブル（適正価格）住宅の供給と法制度整備を両輪として進められ，拡大していく市街地をいかに計画的に開発整備するかが最大の関心事だった．「スラムは近代都市計画の生みの親であり，育ての親」（大月，1999）だったといっていい．万人が人間らしく居住する権利が共通認識となり，住宅政策や都市計画で取り組まれるようになった．

1933年，ル・コルビュジエが中心となって打ち上げたアテネ憲章のメッセージが力強く世界を覆った（ル・コルビュジエ，1933）．住宅ブロックの高層化で，貧困層にも等しく光と緑豊かな夢の住環境が叶う――都市計画テクノクラートらは，工業化の進む先進国の近代都市で大型団地整備に邁進してきた．

スラム問題は，1960年代以降，今度は途上国都市で，先進国の近代都市がかつて経験したものよりはるかに大きなスケールで蔓延した．これら現代スラム問題に対して，当初，各都市は近代的手法で取り組んだ．つまり，できてしまったスラムを撤去する一方，需要を満たすに足るアフォーダブル住宅を公的に供給する考えである．巨大都市メキシコシティでは，住宅政策の切り札として1964年にノノアルコ・トラテロルコ団地が整備された．約 $1km^2$ 弱に4万人が暮らし，20階建ての高層棟を含む100棟以上のブロックからなる．

しかしながら，いくら経済開発を進めても，途上国の現代都市にあっては格差を拡大する方向に進み，スラムは収束に向かわなかった．都市へとやってくる大量の人たちに比して，アフォーダブル住宅の公的整備は焼け石に水だった．スラムを撤去しても，場所を変えて新たなスラムが生成するだけだった．

2.1.3 現代スラム対策：セルフヘルプとイネイブリング (図2.1)

（1） オルタナティブなスラム対策の模索

1960年代末，エイブラムスは，現代における居住問題を把握した上で，整備費用を抑制して，大量に一定水準の住まいを提供する必要を訴えた（Abrams, 1964）．そこで考案されたのが，サイト・アンド・サービスという手

法である．サイト・アンド・サービスとは，敷地を確保し，最低限のインフラまでを公的に整備し，住宅本体については居住者の自力建設に委ねるというものである．公的に整備する範囲を，設備に加えて最低限のシェルターまでとしたものが，コアハウジングであり，地域に応じて様々なサイト・アンド・サービス手法が展開された．

1970年代に入り，自力建設を取り入れたスラム対策に大きな影響を与えたのがイギリス人建築家のターナーである．ターナーは，サイト・アンド・サービス採用のコスト削減効果以上に，居住者が参加することの意義を見出した．

彼はそもそも，ペルーで貧民が不法占拠してつくりあげたスラムの魅力の虜になり，スラムを形成する当事者たちのエネルギーと創造性を活かしたスラム改善策があると確信した（Turner, 1972, 1976）．スラム住民が自らの住空間をセルフヘルプでつくりあげていくたくましさを活かしたスラム対策である．サイト・アンド・サービスが，スラムを撤去して代替地を与えるか，あるいはスラム化を未然防止するためにアフォーダブルな住宅地を提供することを前提とするものだったのに対して，ターナーは，スラムを「なくす」から「改善する」へ発想を転換した．

インドネシアのKIPカンポン改善プログラム[2]は，その先進事例として知られる．世界銀行は，1974-1988年に，スラム改善の試行としてKIPを支援した（澤, 1999）．カンポンとは自然発生的な集住地一般を指すが，KIPが対象としたのは，都市化にともなって物的環境が劣悪化した「都市カンポン」である．

地元の住民組織が運営主体となり，地区内の道や側溝，ゴミ収集，共同水場，保健施設など公共性の強いコミュニティインフラを整備することで，地区の住環境を改善していった．住民主体のKIPでは，人々が同じ場所に住み続けられ，環境改善の恩恵を享受できた．それが，彼らのエンパワメントにも効果的である点が高く評価され，"People's Process"などその後の国連ハビタットの支援の主流となっていった．下水インフラ整備に取り組んだオランギパイロットプロジェクト（パキスタン）も，参加型の改善である．

スラムがグローバルに対処すべき問題となったことに呼応して，1976年バンクーバーで初の国連ハビタット会合が開かれた．以後，セルフヘルプによっ

て居住環境改善を進める方針に基づいて，各都市は現代スラム問題に取り組むようになった．

しかしながら，セルフヘルプを取り入れたスラム改善は，どこでもうまくいくとは限らず，また効果が持続しない点が指摘された．デ・ソトは，ラテンアメリカにおける経験から，居住者が自らの住まいをアップグレードするためには，土地の所有権あるいは利用権が保障されていることが不可欠であるとした (de Soto, 2000)．スラム住民の多くは，所有権の確定していない土地に家を建てて居住している．これを「居住のインフォーマル」の問題として指摘した．スラム居住者に所有権などを認めることで，住居を資産として認識するようになり，セルフヘルプで質の向上が見込めるという考え方である．

インドネシアでは，現行土地所有制度への移行時点で，カンポン集住地のほとんどがインフォーマル居住地となり，その後も現行制度への一元化がなかなか進んでいない．特にスラム化したカンポンのほとんどが，居住のインフォーマル問題を抱えている．土地や建物の保有権を保障することによって，居住の質改善が進むとの期待から，インフォーマル居住者に土地登記を勧める政策を採ってきた．しかしながら，土地登記誘導策は思うように進んでいない．参加型のスラム改善が KIP で機能したのは，そもそも，稲作文化由来の互助コミュニティがあったこと，それが，日本占領時代の町内会制度を経て行政の末端組織として機能していることが基盤となっている側面が強かった．

(2) 市場を活用したイネイブリング戦略

政府による住宅供給の効果が上がっていないと指摘されたことに加えて，1980年代後半，世界的に新自由主義的風潮が強まるなかで，政府は総じて大きな予算を投じなくなり，都市の貧困に直接的な対策を取らなくなっていった．

スラム対策としての自力建設の意義と新自由主義が結びついて，貧困層の潜在能力を高めるイネイブリング戦略が支持されていった．規制緩和によって，貧困層向けの融資が拡大した．個人への融資のみならず，フィリピンのコミュニティ団体向け融資や，タイの，貯蓄組合を組織することを条件とした融資など，それぞれのスラムコミュニティに即したリスクを低減する工夫が取られ

た．また，政府が直接的なスラム対策から手を引き，代わって，コミュニティに予算を配分しコミュニティによる自力改善を促す，すなわち能力付与というイネイブリングの手法が取られた．それまで政府と敵対していたNGOとの協働が盛んになった．

1987年『国際居住年』，1988年『2000年に向けての世界居住戦略』では，イネイブリング戦略路線が確認された．市場を信頼して活用したスラム対策が主流になっていった．しかしながら，市場と当事者のセルフヘルプに期待したイネイブリング戦略で，スラムが解消するという楽観はない．すでに，コミュニティ融資を具体化しようとすると脱落する者が出る点や合意形成プロセスが複雑で時間がかかることが問題と指摘されている．イネイブリング手法による稀少な成功例が喧伝される陰で，多くのスラムが市場任せの都市開発でクリアランスされ民間再開発が行なわれているのが現実である．現代スラム対策の切り札は見つかっていない．

成功例とされた先のインドネシアKIPも，長期的にフォローアップした調査によると，10年経つとまたもとのスラムに戻っていることから，KIPの成果は虚構だとする批判も出た（Werlin, 1999）．折しも，新自由主義が支持される時期と重なり，KIPの効果が限定的という見方が広まった．1990年以降，KIP型の政策が後退し，クリアランス型再開発が市場任せに進んだ．

2.1.4　2つの限界：機能主義と市場

（1）　居住問題に絞ったスラム対策の限界

市場を活用して居住の貧困問題に取り組む方法へと転換した背景には，新自由主義の高まりだけでなく，政府による住宅供給で居住の貧困を緩和しようとする方法が行き詰まったことがあった．政府が主導して行なってきた住宅整備が，現代スラム対策として失敗だったという見方が広まった．アフォーダブル住宅を完成したかたちで公的に供給するにせよ，インフラ整備やコア建設にとどめるサイト・アンド・サービスにせよ，郊外の新たな土地に居住地を整備しても，治安が悪化するなど荒廃して遺棄されたり，転売されて中間層居住地にすり替わっている場合がほとんどだった．スラムはなくなるどころか，グローバルに見ればスラム住民は増える一方だ．アフリカ地域で都市人口の8割近く

が，スラムに居住しているといわれる．南・東南アジアでも 3-4 割がスラム人口である．政府による住宅供給策は，なぜ現代スラムでは歯が立たなかったのか．

　アフォーダブル住宅の政府による供給は，近代スラム対策としては有効性が一定程度認められていた．わが国の住宅公団は，大都市郊外に大量の住宅を迅速に整備することによって，都市への急激な人口流入にもかかわらず，住環境悪化を抑えることに成功した好例である．同じ居住の貧困問題でありながら，現代スラムは近代スラムと何が違うのか．

　住人たちの働き方である．近代スラム居住者は，大量生産の製造業など職場に毎日通い，賃労収入を得ていた．近代の都市化過程では，今は貧しくても将来的に豊かな生活を展望することができたために，経済成長が経済的な貧困を解消する道筋が誰にでも見えていた．したがって，現在おかれている住宅難すなわち居住の貧困に絞って手当てすればよかった．仕事場へのアクセスがそれほどよくなくても，手頃な価格で家族の暮らす良好な環境が得られることに誰もが価値を認めた．

　他方，現代スラム居住者の多くが，屋台などインフォーマルな仕事に従事し，収入が不安定である．現代スラムにおいて，住む場所と生業は密接に結びついている．居住の貧困を解消するために住む場所を移らなければならないとなると，今までの生業が成り立たなくなる恐れがある．政府による住宅供給は，予算上の制約から量的に間に合っていないだけでなく，仕事を考慮せずに居住のみを改善する発想であるために，現代スラム対策としては限界があったといえる．

　先進国の近代スラム対策でも，スラムを撤去して居住者の再居住のための郊外住宅地を公的に整備して失敗した例もかなりある．アメリカ，セントルイスのプルイットアイゴー団地は，撤去されたインナーシティスラムの居住者の代替住宅地として整備された．しかし，数年して治安が悪化しゴーストタウン化，再スラム化したために，ほどなくして撤去を余儀なくされた．これも経済社会的貧困と居住の貧困が複合化していたケースである．

(**2**) 経済のインフォーマルセクター

　現代スラムは，一義的には劣悪な物理的環境の問題であるが，スラム居住者の多くが経済的貧困の問題を抱えている．この点にフォーカスして，スラムを対象に研究しているのが，インフォーマルセクターを主題にしている経済学者たちである．

　経済学的アプローチでは，劣悪な物理的環境のスラムに居住せざるを得ない最大の理由は，経済的貧困にあると考えている．要するに，スラム化の背景に経済的貧困を見出している．工業化による経済発展モデルによれば，工業化の恩恵が行き渡らないところが貧困状態に取り残される．工業化と対応した近代制度の枠組みのなかにある企業などの経済活動がフォーマルセクターであり，それからこぼれるのがインフォーマルセクターである（Roy et al., 2004）．したがって，工業化の恩恵を受けている分，フォーマルセクターで正規雇用されている人のほうが一般に労働生産性が高く，賃金，労働条件などについても，好条件にあることになる．他方，フォーマルセクターの容量以上に都市に流入した人たちは，フォーマルセクターからあぶれ，いわば雑業的な仕事を生活のために自ら創出せざるを得なくなり，収入も低く，生活を維持するのがやっとの状況になるはずだ．インフォーマル＝貧困の論理であり，フォーマル化が貧困対策になる．

　ところが，近代的制度の経済活動の枠組みに属していない膨大なインフォーマルセクターが持続し，都市の経済社会構造を変質させるにいたっており，その結果，インフォーマル＝貧困ではなくなる事態も考えられる．

　現代スラムでは，一部の住民が大都市の生活サービスを支える底辺の仕事を担い，コミュニティの外から収入を得ている．他方，相当数の住民がお惣菜をつくって売るなどコミュニティ内で小さなインフォーマルビジネスに従事している．

　経済面から，インフォーマルセクターのフォーマル化による貧困対策のみならず，インフォーマルセクターを活かしたトータルな生活の質向上が現実的といえる．例えば，コミュニティ内の家屋の建設は，自力で行なわれる場合も少なくないが，重要なインフォーマルビジネスのひとつである．居住者が物的環境整備に参加することは，彼らを経済的に支えるインフォーマルビジネスであ

る建設業を強化することにつながる．セルフヘルプを取り入れた居住の貧困対策が成果を上げている背景には，生業と居住を統合した暮らしの質向上にあると考えられる．

現代スラムは，経済的貧困のみ，あるいは，居住の貧困のみを切り離して手当できる状況にない．経済社会的貧困と居住の貧困が不可分に結びついた複合的な問題として対処せずして出口が見えないところがある．

（3）排他的機能としての〈居住〉の限界

改めて居住の貧困とは何か．一般に都市計画や住宅政策で〈居住〉といった場合には，機能としての〈居住〉[3]を指す．近代都市計画の理念を示したアテネ憲章では，機能主義を謳い，都市の4つの機能を〈住む〉〈働く〉〈遊ぶ（憩う）〉〈移動する〉と見定めている．4つの機能は相互に排他的であることが前提である．すなわち〈居住＝住む〉は〈仕事＝働く〉とは相互に排他的である．

住宅政策が〈住む〉の問題を専ら扱い，〈働く〉の問題は雇用労働政策の管轄であり，政策体系上相互に交わるところがない．

アテネ憲章では，第77条が，4機能それぞれに求められる要件を示している．第1の機能〈住む〉については「人びとに健康な住居，すなわち，広さ，清い空気，太陽，この3つの自然の基本的条件が十分に保障された場を確保すること」とある．

〈住む〉と〈働く〉の相互排他性は，近代都市計画において極めて重要な意味を持っている．産業革命によって工場が都市に立地し，排煙と排液により公害問題が深刻になっていた．農村から都市へ流入した工場労働者とその家族は，工場に隣接した狭い長屋に身を寄せ合って住んでいた．十分な広さがなく，日当りが悪く，空気と水の汚染がひどいところに住み，健康を害する者が多数出ていた．

そこで，近代都市計画は，〈住む〉と〈働く〉を空間的に分離することで彼らに人間的な暮らしを取り戻そうとした．公害に加え，都市に人口が集中することで過密や交通など様々な都市問題を引き起こした．アテネ憲章は，これらの問題を，産業革命がもたらした生産性の向上と移動手段の高速化により解決

する処方箋を示している．つまり，〈働く〉の生産性を上げることで所得を増やし，住まいに投資し〈住む〉空間の質を向上する．〈働く〉の効率を上げることで就労時間を短縮し，〈遊ぶ（憩う）〉時間を増やし，生活の質を向上する．〈働く〉〈住む〉〈遊ぶ（憩う）〉の相互間の移動を効率化する．4機能を明確に分離して扱い，それぞれに解決策を示すことで都市問題を解決できるというメッセージであった．

　しかしながら，現代スラムでは振り出しの〈働く〉の事情が近代とは大きく異なる．現代スラムの住人たちのほとんどは，不健康な製造業の職場で働く大量生産の歯車に組み込まれた工具ではない．インフォーマルセクターで働いている．職場はオフィス商業地区だったり，富裕層の住宅地だったり，近くの路上だったり，建設現場だったり，本人が暮らしているコミュニティ内，あるいは自宅の片隅だったりする．〈住む〉と〈働く〉を分離すると意味を失う暮らし方の人が多い．〈住む〉を〈働く〉から切り離した時点で，暮らしが立ち行かなくなる人がほとんどだ．それなのに，近代主義的な政策体系の下，〈居住〉の貧困対策は，排他的機能としての〈住む〉しかみようとしない．ここに，現代スラム対策の根源的な限界がある．排他的機能としての近代〈居住〉から，〈住む〉と〈働く〉を不可分なものとしてとらえた〈暮らし〉[4]へ，根底から考え方を変える大きな転換が求められている．

（4）　市場を活用したスラム対策の限界

　公的な住宅供給に代わって，1980年代末以降，イネイブリング戦略が主流になった．しかしこれもまた現代スラム対策の決め手となっていないのはなぜか．近代・現代を問わず，居住の貧困問題に取り組むスラム対策の原点は，「誰もが人間的な居住を享受できる都市」にある．近代都市計画の使命であり，悲願であった．セイフティネットとして公的に住宅を供給し，政府が人間的な居住を保障することはこれに応えようとするものであった．他方，イネイブリング戦略は，新自由主義を信奉し，市場による問題解決に期待するものである．確かに，中間層レベルまでは，これまでの先進国の経験からも，政府より市場のほうがコストをかけずにニーズに即応した良質な住環境を提供することに長けていたといえるかもしれない．しかしながら，都市居住者の基本的な権

利として人間的に暮らす物的環境を確実に保障するためには，市場には限界があるといわざるをえない．

　市場至上主義がグローバルに席巻する現代世界に対して，豊かさを構成するものとは，高収入であることや大きな資産を持っていることにすべて還元可能なのかどうか．価値観の大きな転換なしに，現代スラムの根本的な解決は見出せないのではないだろうか．公的アフォーダブル住宅を，需要を満たすほどに整備できれば，あるいは，居住環境改善の意志さえあればどんな最貧困層でもそのための資金を調達できるしくみができたとしたら，表層的に居住環境改善は進むであろうが，スラムが自然生成するメカニズムは依然として残ったままである．

2.1.5　現代スラムは貧困対策の最前線
(1)　〈暮らし〉の貧困へ

　本節では，都市計画・建築分野で主に取り組まれてきた現代スラム対策を振り返ってみた．まずは，近代的発想で物理的側面である〈居住〉を手当しても思惑どおりいかず，社会的側面すなわちセルフビルドを取り入れたエンパワメントや経済的側面すなわち貧困層への融資を進めるイネイブリング戦略が物理的環境改善と組み合わせて試みられ，それぞれに成功例はあった．

　実例により得られた発見をもとに考察すると，究極的には，排他的機能としての近代〈居住〉から〈住む〉と〈働く〉を不可分なものとしてとらえた〈暮らし〉へ，資本主義的枠組みにとらわれない価値観へ，転換なくして現代スラム問題の本質に迫れないことがみえてきた．

　では，スラムを〈暮らし〉の貧困としてとらえるとどういうことになるのか．現代スラムを対象とした研究は，1930年代後半，人類学者による南アフリカ諸国における都市流入者とその都市への適応メカニズムの研究に遡ることができる．その後，都市人類学として展開を見た．また，地理学・社会学分野におけるスラム研究も多数ある．私たちの研究の主対象はインドネシアの大都市ジャカルタであるが，都市地理学者T・マッギーは，人間生態学的視点で，ジャカルタをはじめ東南アジア諸国において，都市流入者が，どこに落ち着き何をして都市で暮らしを成り立たせているかを観察し明らかにしている

(McGee, 1967 ほか).

　50年以上にわたって，多様な地域において様々な研究がなされてきたが，大きくは，現代スラムに解消すべき問題をみるか，あるいは現代社会のソリューションを見出すかに分かれる．いわゆる「希望のスラム」と「絶望のスラム」の明暗である（Stokes, 1962）．スラムに否定的か肯定的か，内部の生活様式と外部への影響の両面で整理するという新津の示した枠組みは今日でも有効であると思われる（新津，1989）．内部の生活様式については，スラム住民を無気力とみるか，互助コミュニティに支えられて意欲的とみるか，の違いである．外部への影響については，産業発展を阻害し不満が社会不安要因になっているとみるか，都市経済を底辺で支えていてそこそこに満足しているとみるかである．いずれも両面性のあるものであり，並行して論じられてきた．

　しかし，近年になって，グローバル経済社会の下ではスラムの生成は必然であり，撲滅は現実的ではないという認識が強まっている．現代スラムに解決策があるとしたら，経済的貧困・物理的環境の劣悪化・コミュニティの劣化の負のスパイラルを反転しうるような建設的な手がかりを求める以外にない．都市計画や住宅行政においても，クリアランス対象だったものが環境改善策をとるように移行してきたのとも対応している．

　また，概して，都市周辺部に発生したスラムは一時的なもので希望の要素が強いのに対して，中心部で高密度化し物的環境が悪化して固定化したスラムは絶望的要素が優勢であるといわれてきた．しかし，急速に都市が巨大化し周辺部のスラムがより外へと押し出された結果，中心部の停滞したスラムがクリアランスされて中心部スラムで暮らしていた人たちが周辺部のスラムに追いやられることによりさらに状況が悪化することが観察され，周辺部のほうが状況がいいとはいえなくなってきた．

　(**2**)　都市が貧困のソリューション？

　田舎から都市へ，都市の華やかな経済的繁栄に吸い寄せられて，あるいは農村にいたたまれずに，若者たちが都市へ流れ続けている．多くの場合，その背景には，農村の貧困問題がある．したがって，農業の生産性向上策により，貧困の根源を解消し，農村からの流出を抑えることが本質的な貧困対策であると

するのが正論かもしれない．

　しかし，地域を問わず，長い人類の歴史において，農村から都市への人の流れは総じて不可逆的であった．人類が豊かになることは，すなわち，田舎から都市へ出てくることであり，都市化することであった．確かに，大都市スラムの現場は，隣り合う富裕層の暮らしと比べると，劣悪な生活環境の極限にあるようにみえる．それでも，飢えと隣り合わせの農村の貧しさに比べれば，豊かなのだ．大都市スラムのほうが農村より相対的に貧困状態が際立つが，農村のほうが大都市スラムより絶対的には貧困がより深刻だ．だから都市化は止まらない．

　国連ハビタットの報告書『スラムの挑戦』(UN-Habitat, 2003) のなかに，「都市は新たな収入源を生む上できわめて成功している．ある専門家は，貧困を減らす現実的な戦略として，できるだけ多くの人々を都市に送り込むことを提案しているほどだ」とある．

　都市化が，加速的に，否応なしに進む今日，目を覆うような大都市スラムの現場では，日々，居住の貧困，すなわち，劣悪な物理的環境を何とかしようと奮闘しているが，現代スラムは，排他的機能としての〈居住〉という近代システムの一分野に終始していたのでは，効果は一時的にとどまり，スラム改善とスラム化を繰り返すばかりである．スラムを発生させている社会のしくみにメスを入れずして，期待する成果は望めない．半面，インフォーマルな生業や濃密なコミュニティと物理的環境を統合的に把握し，個々のスラムの特性に応じた現代スラム対策に踏み込めば，居住環境の劣悪さを真に緩和する道が見えてくる．それは物的環境に経済・社会を統合した取組みとなり，〈暮らし〉の貧困，すなわち今日の実態に合った貧困そのものを相手にすることになる．現代スラムは，グローバルに深刻化する貧困問題と取り組む最前線である．

2.2　気候変動と都市[5]

　1万年にわたって，人は都市に流入し続けている．すでに地球上の人口の過半が都市部に居住し，2050年には都市人口60億人時代が訪れると見込まれている．

都市が「消費」を基軸としたライフスタイルを生んだことが，地球環境問題の根源にあるとしばしば指摘されてきた．一般的に，国は経済水準の向上とともに都市化する傾向にあり，経済水準が高い国ほど温室効果ガスの排出量が多い傾向にあるのは事実である．都市を悪者扱いする考え方は，都市を離れて自然に身を委ね，自給自足的な生活をすることがよりエコであるというイメージと表裏一体をなしている（松野, 2009）．

　他方，都市が「地球の人口収容力を高めた」，すなわち，都市に集まって住むというシステムが地球環境問題の解決になってきたという見方がある（Meyer, 2013）．「都市というものは，人間が定住する形態のなかで最も環境にやさしいものだ．一人ひとりの占有空間は少なくてすむし，エネルギーや水の使用量も節約できるし，汚染物質の排出も人間がまばらな地域より1人当たりで低く抑えられる」（Calthorpe, 1985）．実際，人間のつくりだしたシステムのなかで「都市はもっとも長持ちしたシステム」（グレイザー, 2011）である．「都市は人類最大の発明である」とは，グレイザー著 The Triumph of Cities の邦題である．

　集積のメリットは，経済効率性のみならず，1人当たりの環境負荷を押し下げている．OECD は，都市と気候変動に関する報告書（OECD, 2010; Kamal-Chaoui and Robert, 2009）を 2010 年に公表した．これらによると，都市地域において密度を上げることは，エネルギー消費を減らすことにつながるという．「日本の都市地域の密度はカナダの5倍であるが，その電力消費は40%である」．また，「気候条件の類似しているフィンランドとデンマークを比較して，都市地域の人口密度はデンマークがフィンランドの4倍，電力消費はフィンランドの40%」であることから，「密度が上がると，電力消費が減り，したがって CO_2 排出量も減る」．

　D・ドッドマンは，「都市に気候変動の責はあるのか」という刺激的なタイトルの論文を発表した（Dodman and Satterthwaite, 2009; Dodman, 2009）．彼は，ニューヨーク，バルセロナ，ロンドン，サンパウロなどの都市を例に挙げ，都市の1人当たりの温室効果ガスは，国平均のそれより大幅に下回っていることを示した（図 2.2）．気候変動緩和の観点から都市的集積を評価する見方に大きな影響を与えた．国連ハビタットの都市と気候変動に関する報告書（UN-

2 貧困・都市・気候変動 21

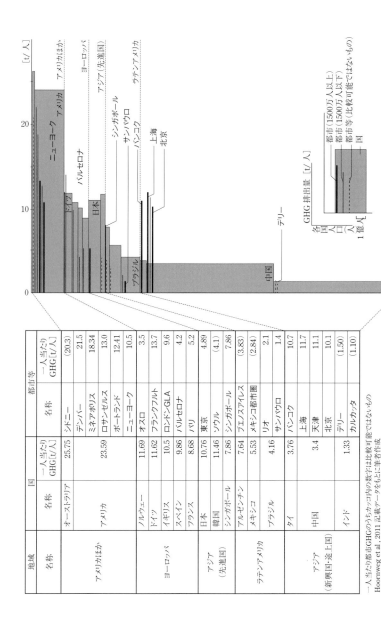

図 2.2 1人当たりの温室効果ガス GHG 排出量（都市別および国別）
一人当たり都市GHGのうちカッコ内の数字は比較可能ではないもの
Hoornweg et al., 2011 記載データをもとに筆者作成

Habitat, 2011) では，ドッドマンの指摘を受けて，「衝撃的なことに，多くの大都市における1人当たりの温室効果ガス排出量は，その国の平均より低い．明らかに，都市地域は，経済開発水準に比して，より少ない量の温室効果ガスを排出するライフスタイルを実現させる可能性を持っているといえる」，「高密度な都市地域は，1人当たりの温室効果ガスを減らすことに貢献する」点に地球環境問題解決のカギが都市にあることを示唆している．

2.3 気候変動と貧困

2.3.1 気候変動と貧困の関係

一般に気候変動および地球環境問題は，加害者と被害者が重なっている点に難しさがあるといわれる．しかしながら，完全に一致しているわけでもない．気候変動問題の場合，その構図が国境を越え，複数世代におよぶ．したがって，将来世代への影響を考え，グローバルな枠組みで取り組まずして解決はないが，とても難しく道が見えているとはいえない状態である．

20世紀末に，人間のこれまでの活動が気候変動をもたらし，気候変動が人間の活動を制約する事態におよんで，多くの人が対策の必要性を認識するようになった．1992年，「持続可能な開発」をキーワードに，環境と開発に関するリオ宣言として地球規模で合意されるにいたった．同時に気候変動枠組条約締結の動きが進んだ．合意にあたって，最大の論点は，現在，気候変動を引き起こしているのが，産業革命以降，先進国における過去世代が化石エネルギーを燃やして排出してきた二酸化炭素であるというところである．今，地球規模の温室効果ガス排出削減がまったなしであるという認識を共有し，例えば2000年比で排出量半減を目標にしたとしても，先進国と途上国で同じ取組みはできない．

これまで多くの温室効果ガスを排出し経済発展して豊かになった国は，現時点でも途上国に比べて概して排出量が多い．他方，これから経済発展しようとしている国は，現時点では排出量が抑制されているが，排出量を増やさない産業振興の道は見えにくい．

このように，気候変動の緩和策について，グローバルに困難な調整が続いて

いる一方，気候変動が引き起こす環境変化への適応策が必要になってきている．災害の激甚化が現実のものとなり，海水面上昇が不可避の事態となっている．しかし，地球上に暮らす人たちが等しく，気候変動の影響を受けるわけではない．気候変動による被害は，自然災害への備えのあまりない途上国においてより深刻になっている．「気候変動により被害を受けやすい国ほど，自ら守ることのできない状態にある．しかも，そうした国々は温室効果ガスをわずかしか排出していない．何らかの行動を起こさなければ，それらの国々が他の国のしてきたことのためにきつい代価を支払うことになるだろう」[6]．

気候変動対策としての緩和と適応について，国際的合意に基づいて各国が行動するために，上述のように先進国と途上国の調整の必要性というかたちで表面化してきた．ただし，国という単位は国際政治の便宜上のことであり，実態は，貧困層と富裕層の構図である．「豊かな国が気候の脅威を阻む城壁の内に国民を守る一方，世界の貧困層を沈むにまかせ，あるいは彼らの持てるもので何とかしていく状況のままにしておいてはならない」(UNDP, 2007)．

貧困リスクの高い人ほど，気候変動リスクも高い生活を強いられている．にもかかわらず，貧困層は一般に気候変動への影響の小さな生活をしている．気候変動緩和に寄与するライフスタイルを持っている貧困層が，最も気候変動適応策を必要とする状況での暮らしを強いられながら無防備に放置されている．農村部では異常気象の頻発により生業を脅かされ，渇水などで生活に不可欠なものが手に入らないリスクが高まり，生活が立ち行かなくなって都市へと流出している．こうして都市へと追い立てられた人たちが，都市部で，洪水や海水面上昇のリスクの高い川沿いの土手や河原に選択の余地なく暮らしている．

2.3.2 気候変動と貧困に同時に取り組む

2006年スターン報告は，気候変動緩和策の費用と気候変動を放置した場合の損失を数値で示し，損失が費用を上回ることから気候変動緩和策を推進することの合理性を明らかにした．同報告が気候変動対策推進を大きく後押しすることに貢献した．

さらに，N・スターンは，「今世紀における2大課題は，気候変動と貧困である．この2課題に同時に，世界は対処しなくてはならない．気候変動への対

応に失敗すれば成長は頓挫するだろうし，成長を妨げる形で気候変動対策を講じれば排出量削減に不可欠な国際連携は構築できないだろう」[7]．と緊急提言している．2009年末COP15を目前にして，気候変動緩和策についての国際協調が一向に進まない事態に危機感を募らせ，実効性のある合意を促す意図だった．結局，COP15は目立った進展なしに終わった．気候変動と貧困を一石二鳥に解決する秘策は見出せなかった．

5年以上前から，気候変動と貧困双方同時に取り組まずして道は開けないという認識がありながら，決定的な具体策を見出せないまま，気候変動対策をめぐる国際連携は足踏み状態にある．2015年9月国連総会で採択された持続可能な開発目標SDGsにおいて，気候変動と貧困に統合的に取り組むことの大切さが改めて強調された．

2.3.3 ローマ法王環境回勅

「気候変動と貧困に同時に世界は対処しなければいけない」と，1992年リオ地球サミットで共通認識となって以来，度々警告されてきたにもかかわらず，なぜ道は開けないのか．これを達成するために，現時点での大勢は，2006年スターンの緊急提言が明言しているとおり，経済成長することで貧困問題を克服する道を描いている．しかし，途上国において，成長によって貧困を脱するにあたり，気候変動をもたらさない経済開発は容易に見出せない．

その困難さの根底は，気候変動と貧困に同時に対処するにあたり，両者を別々の問題としてとらえているところにあるのではないか．気候変動と貧困を連環したひとつの問題としてとらえることができたなら，新たな道が見出せるのではないか．

この点について，大きな一歩を踏み出しているのが，2015年6月に公表されたローマ法王の回勅『ラウダート・シ』である．初めて〈環境〉を正面から取り上げたバチカン発のメッセージで，『環境回勅』といわれた．同回勅は，年末に控えたCOP21を強く意識した内容となっている．

ローマ法王フランシスコの回勅は，人びとに「生態学的回心」を促している．これは，生態系のとらえ方を根本的に転換することである．回勅第3章では，今日の地球環境の危機が人間的原因によって引き起こされていることを指

摘している.「テクノクラシーが環境・社会危機を招いている」.「市場だけでは，人間開発と社会的包摂の統合は保障できない」. 近代文明の根底にある技術偏重と市場競争偏重こそが，今日の環境・経済危機，すなわち，気候変動と貧困の人為的な原因であると指摘している. アルゼンチン出身の法王だけに，貧困の根深さを見抜いた上での見解といえる.

近代文明においては,「人類が生態系の外」にあり，生態系が人間の活動を支えるものとして位置づけられているのに対して，第4章では,「人類を内包した生態系」へ，認識の転換を提唱している. 人と環境の関係について神学的にラディカルな解釈を含んでいるといえる. これが「生態学的回心」であり，人間 humanity と自然 nature を統合した「統合的生態学」のスタンスに立つことを意味する.

〈人間を包含した生態系〉に呼応して,「環境危機 crisis と，社会危機という2つの危機があるわけではありません. そこには，ただひとつの複雑な環境・社会問題 crisis があるだけです」と述べ，気候変動と貧困は一体化した危機である点を指摘している. 人間と自然を統合した生態系を全面的に受け入れ，気候変動と貧困は連環したただひとつの問題とし，これまでの枠組みを大きく変えるものだ.

法王が回勅をまとめるにあたって，専門的見地から主に助言したのが，科学者のH・J・シェルンヒューバーである. 彼は，回勅を補助するものとして『共有の大地』[8]と題したコメントを公表している. 彼は「気候変動と貧困の順に，あるいは逆の順であっても，別々に対処することはかないません. 気候変動と貧困の双方同時に取り組むことが不可欠です」と述べ，気候変動と貧困双方同時に取り組むことの必要性を力説している.「なぜなら，人間開発は，地球が提供するサービスと絡み合っているからです」と続け，生態学的回心の点においては，回勅本体より後退した慎重な見地に立っている. すなわち，人間の活動を支えるものとして生態系があり，生態系サービスを人間が享受しているという構図を前提に，両者が絡み合っているという認識であって，〈人間を包含した生態系〉に踏み込んでいない. したがって，具体的対策として，再生可能エネルギーの拡大に未来をみる方向性を示すにとどまり，残念ながら，双方同時に取り組む思い切った妙案にいたってはいない.

2.3.4　2つのE-ism

　環境思想には大きく2つの流れがある（松野, 2009）．環境思想に関する論争に決定的な一石となったのがA・ネス論文「浅薄なエコロジー運動と深淵で長期的な展望を持ったエコロジー運動」（1973年）であろう．ネスは，多くの環境運動が人間中心主義的なことを批判し，生態系中心主義といえる立場を示した．そして，一般的にディープ・エコロジーとして知られる流れを生んだ．人間社会を支えるものとして環境を守っていくのか，人類もまた生き物のひとつとして生態系の一部を成すととらえて生態系全体を維持していくのか，の違いである．これがきっかけとなって，人間中心主義的なEnvironmentalismか，生態系中心主義的なEcologismか，を軸にその後の論争が展開されている．私たちは「エコ」と気軽に口にするが，そのほとんどが「浅薄なエコ」で人間中心主義的であることに気付かされる．

　人間中心主義的な環境思想に立脚すると，人間は，生態系サービスを享受して生活している一方，人間の活動が生態系に負荷を与えている．主流の，〈人間を支える生態系〉の考え方である．人間活動と生活の質に十分な生態系サービスを享受し続けられるように，生態系を破壊する負荷を制御すべきであるという論理である．これに対して，生態系中心主義的発想では，生態系を〈人間を内包した〉ものとしてとらえる（岡部, 2011, 2013）．こうした立場をとるディープエコロジストたちは，自然に従い自然との調和を求めて，より自然な環境を志向する．彼らは，人間の手のあまり入っていない自然的な環境に逃避し，一般に反都市的である．

　人間中心主義的な環境運動に対する批判から生まれた西洋のディープ・エコロジーは，その思想的よりどころとして老荘思想に接近する動きを見せている（キャリコット, 2009）．道教は，生物地域主義的で東アジアの伝統的なディープ・エコロジーだというのである．古典的な道家たちもまた，都市に対しては否定的だった．

　しかしながら，地球規模でみるなら，温暖で人の暮らしやすい地域に人類が遍在し多くのメガシティを生んでいること自体は，道教でいえば「無為」の望ましい帰結のはずだ．それはスラムの急膨張と不可分だ．

　ディープエコロジストたちのように都市に背を向けず，地球規模で都市化が

不可逆に進行する現実を受け入れたとしたら，人間のつくった人工物も，社会経済システムも，人間の営みであり，それらもまた生態系の構成要素として積極的にとらえていくことになる．都市においては，水系や生物多様性ももちろん含まれるが生態系においてはマイノリティである．都市という生態系を圧倒的に規定するのは人間のつくった系である．人間社会がつくりだした人工的な生態系のほうが自然の生態系より圧倒的に強くなった〈人間を内包した生態系〉である．

生態系中心主義に立てばなおさら，急膨張の一途を辿っているアジアやアフリカのメガシティの今後の行方が，地球環境の生命線を握っているはずだ．

人間中心主義的な環境思想に基づく〈人間を支える生態系〉を前提にすると，気候変動と貧困は独立した2つの問題となる．他方，生態系中心主義的な環境思想に基づき〈人間を内包した生態系〉を前提にし，地球規模の都市化もまた生態系の動きだとすると，気候変動と貧困は連環したひとつの問題となる．

〈人間を支える生態系〉から〈人間を内包した生態系〉への根本的な発想の転換に踏み込めば，気候変動と貧困に統合的にアプローチする可能性が格段に広がることは間違いない．人間は生態系の内にあって生態系の持続可能性を高められるかが問われることになる．それがすなわち，気候変動と貧困の統合的対策になりうる．

2.3.5 世代間衡平性

〈人間を支える生態系〉から〈人間を内包した生態系〉へ発想を転換することで，世代間衡平性の見方が変わってくる．世代間関係をめぐっては，一般的に現在世代と将来世代の関係が論じられてきた．これに対して，過去世代・現在世代・将来世代の関係の議論がある．

世代間衡平性の概念を広く知らしめたのが，持続可能な開発についての議論であろう．持続可能な開発の定義として最もよく用いられるのがブルントラント報告であるが，これは世代間関係によるものである．「将来世代のニーズ充足を損なわない範囲で現在世代がニーズを充足する開発」と定義されている（WCED, 1987）．すなわち，現在世代がニーズを充足するにあたり，生態系に負

荷をかけ損傷することで，将来世代のニーズ充足可能性を損なってはならないという考え方である．現在世代と将来世代の世代間関係が問題とされている．

ニーズ充足を利益としてとらえると世代間衡平性の問題として論じられることが多く，権利としてとらえられると世代間正義の側面が強まる．いずれにせよ，生態系は人間活動を支えるものとして位置づけられている．現在世代と将来世代の関係の議論においては，人間は生態系の外にあり，〈人間を支える生態系〉が前提となっている．

他方，過去世代・現在世代・将来世代の世代関係の議論は，人間はそもそも世代間連鎖の一環としてしか生きられないという認識から始まっている．人間が生態系に支えられているというよりは，人間の歴史を生態系的にとらえるものである．人間が歴史的にはらんできた生態系を絶やさないようにしようという思いである．連環を人間以外の生き物に広げれば〈人間を内包した生態系〉となる．

宇佐美誠は，ロールズの遵法義務を根拠として掲げた観念であるフェア・プレイ義務に着目して，過去・現在・将来の世代間関係を〈公正〉のテーゼで解こうとしている．すなわち，「同一時点で存在する諸個人による社会的協力の枠組みの下で各人がはたすべき義務という共時的かつ個別的な文脈の議論を，通時的かつ集合的な文脈に転用して，先行集団が後続集団に利益を順次受け渡してゆく連続的協力関係の下では，受け継いだ利益をつぎに引き渡す義務を負う」（宇佐美，2006）．

ただし〈公正〉に依拠するときの課題は，誰もが地球規模での連続的協力関係を認識していることが前提となるが，それが現実離れしている点である．いくら意識を高めることに尽力したとしてもかないそうにない．

一方，近代以前の生活では，人はそれとは異なった論理で，必ずしも個人の利益を最大化する行動を取ってこなかった．もっとも前近代的な社会では，先祖代々を敬い子孫の繁栄を願うという家族的な連環に規定され，しばしば合理的ではないしきたりに縛られたものだったとはいえ，それが結果的に現時点での個人の利益最大化を偏重しない行動を促したといえる．そこには，必ずしも〈公正〉のテーゼに基づいて過去から未来へ継承することの義務感は強くない．むしろ，自らが生きていること自体が過去から受け継いだものを未来へ引き渡

すことになっていると思える安心や充足感を失うまいとすることによって動機づけられているといえないだろうか．社会において何らかの役割を担っているという安心感と自らが存在していることの意味の確認である．血縁や地域コミュニティのつながりが薄れている現代都市でこそ，グローバル化して見えにくくなった世代間連環の文脈で，自らの存在意義を確認したいという動機が意識化されているといえる．その意識は，生き抜くのが厳しい状況にある貧困層においてより切実ともいえる．

〈人間を内包した生態系〉を前提として，個人の存在意義の不確かさや不安に訴える過去・現在・将来の世代間関係の論展開があるのではないか．

2.4　スラムから発想する地球環境対策へ

2.1では，〈貧困〉と〈都市〉の関係について，スラム生成とスラム対策の経緯から考察した．現実の都市にはスラムという凄惨な貧困の実態があるにせよ，人が豊かさを求めて都市へと出てくるという動きは止めようがない．であれば，〈都市〉に〈貧困〉のソリューションを期待するしかない．2.2では，〈気候変動〉と〈都市〉について，都市的ライフスタイルのほうが気候変動への影響が小さい点に着目し，〈都市〉に気候変動のソリューションを見出しうると考えた．「都市が人間開発と生態系の持続性の双方においてカギを握っている」と『地球白書2007-08年版』（フレイヴィン，2007）は指摘し，都市にフォーカスしているとおりだ．

他方，2.3で見てきたように，〈気候変動〉と〈貧困〉の2つの問題は，それぞれ別に対処していたのではどちらも解決されない．双方の問題に統合的にアプローチしてはじめて，問題解決に近づく．スラムに住む貧困層は富裕層より気候変動をもたらさないライフスタイルでありながら，気候変動リスクの高い生活をしいられている．気候変動と貧困，すなわち，地球環境・社会・経済の問題を統合的にとらえやすいのは〈都市〉であり，とりわけスラムでは統合的に考えて対処せざるをえない（図2.3）．

スラムにおいて，地球環境負荷の抑制されたライフスタイルを維持しながら貧困を解消する方策を示すことができるのではないか．そうすれば，「現代ス

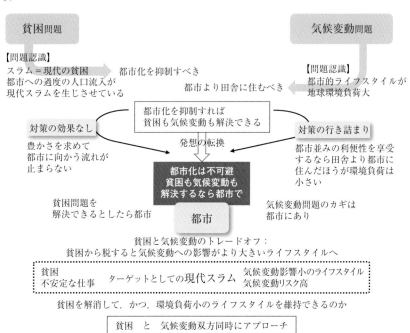

図2.3 貧困と気候変動 そして都市と現代スラム

ラムが地球を救う」一筋の道が見えてくる．それが，私たちの目指す「スラムから発想する地球環境対策」である．（岡部明子）

注
(1) 近年最もよく用いられるスラムの定義は，国連ハビタットによる以下5条件である（UN-Habitat 2003）．
・inadequate access to safe water; 安全な水への不適切なアクセス
・inadequate access to sanitation and other infra-structure; 公衆衛生をはじめとするインフラへの不適切なアクセス
・poor structural quality of housing; 住居の構造的質の貧困
・overcrowding; 過密
・insecure residential status; 不確実な居住状態
本書では，これらを総合して「劣悪な物的居住環境」ととらえる．なお，5番目

の「不確実な居住状態」については，現行法上土地所有が明確化されていないことする考え方もあるが，本書では，インフォーマルであっても住居保有の確実性が担保されていれば，該当しないとみなす．
(2) 第3章で詳述する．
(3) 本章では，近代以降のスラム対策の系譜を整理する観点から，〈居住〉を，近代住宅政策や都市計画が対象とする「機能としての居住」という意味で用いている．
(4) 本シリーズで，「居住環境」と一般に用いるときの「居住」は，近代機能主義的概念でとらえようとすると，排他的機能としての〈居住〉よりも，〈住む〉と〈働く〉を不可分なものとしてとらえた〈暮らし〉に近い．
(5) 気候変動と都市については，本シリーズ第2巻で述べている．
(6) Annan, K. (2005/03/21). In larger freedom: towards development, security and human rights for all, Report of the Secretary-General, UN A/59/2005. コフィ・アナン国連事務総長報告「より大きな自由を求めて：全ての人々のための開発，安全，及び人権に向けて」公表．
(7) ニコラス・スターン卿 ブループラネット賞受賞記念講演，2009年10月．
(8) "Common Ground" ドイツの気候学者（理論物理学）Hans Joachim Schellnhuberが回勅公表と同時に発信した．

参考文献

Abrams, C. (1964) Man's Struggle for Shelter in an Urbanizing World. MIT Press.
Calthorpe, P. (1985). Redefining Cities, *Whole Earth Review*, 1985/03, 1.
Dodman, D. (2009). 'Blaming cities for climate change? An analysis of urban greenhouse gas emissions inventories', *Environment and Urbanization* 21 (1), 185-202.
Dodman, D. and Satterthwaite, D. (2009). Are Cities Really to Blame? *Urban World* (UN-Habitat) 1 (2), 11-12.
Dodman, D., McGranahan, G., and Dalal-Clayton, B. (2013). *Integrating the Environment in Urban Planning and Management: Key Principles and Approaches for Cities in the 21st century*, UNEP.
Glaeser, E. (2011). *Triumph of the City: How Our Greatest Invention Makes Us Richer, Smarter, Greener, Healthier, and Happier*. Penguin Books. (グレイザー，E, 山形浩生訳 (2012). 都市は人類最高の発明である，NTT出版)
Hall, P. (2002) *Cities of Tomorrow: An Intellectual History of Urban Planning and Design in the Twentieth Century*, Blackwell Publishing.
Hoornweg D., Sugar L., and Gomez, C. (2011). Cities and greenhouse gas emissions: Moving forward, *Environment and Urbanization*, 23 (1), 207-228.

Kamal-Chaoui, L., and Robert, A. (eds.), (2009). Competitive Cities and Climate Change, *OECD Regional Development Working Papers* n2, OECD publishing.

McGee, T. (1967). *The South East Asian City*.

Meyer, W. B. (2013). *The Environmental Advantages of Cities: Countering Commonsense Antiurbanism*, MIT Press.

OECD/Organisation for Economic Co-operation and Development (2010). *Cities and Climate Change*, OECD publishing.

Payne, G. (2005) Getting ahead of the game: A twin-track approach to improving existing slums and reducing the need for future slums, *Environment and Urbanization*, 17 (1), 135-145.

Roy, A., AlSayyad, N., et al. (eds.), (2004). *Urban Informality: Transnational Perspectives from the Middle East, South Asia, and Latin America*, Lexington Books.

de Soto, H. (2000). *The Mystery of Capital: Why Capitalism Triumphs in the West and Fails Everywhere Else*, Bantam Press.

岡部明子 (2013). 都市という生態系, 地域開発, 581, 21-26.

Stokes, C. (1962). A theory of slums, *Land Economics*, 38 (3), 187-197.

Turner, J. F. C. (1972). *Freedom to Build: Dweller Control of the Housing Process*, Macmillan.

Turner, J. F. C. (1976). *Housing by People: Towards Autonomy in Building Environments, Ideas in progress*, Marion Boyars.

UN-DESA/ Department of Economic and Social Affairs (2012). *World Urbanization Prospects The 2011 Revision*.

UNDP/United Nations Development Programme (2007). *Human Development Report 2007/2008*, Palgrave Macmillan.

UN-Habitat (2003). *GRHS/Global Report on Human Settlements 2003, The Challenge of Slums*, Earthscan.

UN-Habitat (2011). *Cities and Climate Change: Policy Directions*.

WCED (World Commission on Environment and Development) (1987). *Our Common Future*. Oxford Paperbacks.

Werlin, H. (1999). The Slum Upgrading Myth, *Urban Studies*, 9. (36) 1523-1534.

宇佐美誠 (2006). 発題Ⅲ 将来世代をめぐる政策と自我, 鈴村興太郎／宇佐美誠／金泰昌 (編) 公共哲学20：世代間関係から考える公共性, 東京大学出版会, 69-103.

大月敏雄 (1999). 居住の貧困と日本：インフォーマル世界のハウジング, 村松伸 (監修) アジア建築研究, INAX出版, 152-164.

岡部明子 (2011). 第3の都市生態学, 建築雑誌, 1612, 18-21.

岡部明子（2013）．都市という生態系と，地域開発，581，21-28．
キャリコット，J. B. 山内友三郎／村上弥生（監訳）（2009）．地球の洞察：多文化時代の環境哲学，みすず書房．
ル・コルビュジエ，吉阪隆正（訳）（1933/1976）．アテネ憲章，鹿島出版会．
澤滋久（1999）．カンポンの変化，宮本謙介／小長谷一之（編）アジアの大都市2 ジャカルタ，日本評論社，231-252．
デイヴィス，M，酒井隆史（監訳）（2010）．スラムの惑星，明石書店．
新津晃一（1989）．序章：現代アジアにおけるスラム問題の所在，新津晃一（編）現代アジアのスラム：発展途上国都市の研究，明石書店，13-91．
フレイヴィン，C.（編）（2007）．地球白書2007-08，ワールドウォッチジャパン．
松野弘（2009）．環境思想とは何か：環境思想からエコロジズムへ，ちくま新書．

3 ジャカルタのカンポン：
スラム化と集住の知恵

3.1 はじめに

　インドネシアの諸都市では，1950年代以降の急激な都市化にともない，多くの人が農村部から流入した．彼らの居着いた先が，「カンポン」と呼ばれるところだった．1970年ごろは，8割方のジャカルタ市民がカンポン居住者だったといわれ，現在でも，一般的な都市居住のかたちである．

　どのような住宅地をもってカンポンと呼ぶかは，インドネシアでも明確に定義されているわけではない．だが，一般的にカンポンと聞いて，多くのインドネシア人がイメージする姿とは，おおむね次のような場所だろう．

　街なかの大通りから一歩脇道を入ったところにある住宅地で，入り組んだ路地にやや雑然と大小の住宅が並んでいる．路上には屋台を引いた行商が行き交い，子供たちが駆け回る．道路脇の日陰には，大人たちが椅子に腰をかけて涼をとり，隣人たちと会話を楽しんでいる．住民層はといえば，下層の人びとが多いが，特定の民族や社会階層に限らず，多くの人にとって身近な住宅地である．そんな庶民の活気に満ちた「路地裏世界」（倉沢, 2006）が，カンポンであると．

　本研究プロジェクトの主な調査対象は，インドネシアの首都ジャカルタである．都市圏人口が2,000万人を超えるジャカルタは，いまや東京に次いで世界で2番目に大きいメガシティである．しかし，先進国の大都市とは異なり，都市の成長に併せて十分なインフラや住宅の供給がなされてきたとは言い難い．

　それにもかかわらずこれだけの人口を許容できているのは，カンポンがあるからだ．地縁血縁を頼りにどんどんと人がカンポンに流れ着いた．屋台引きや

バイクタクシーの運転手などインフォーマルセクターに従事する下層の人びとの割合が相対的に大きく，都心の豊富な需要を稼ぎに変えられる場として低所得者層の生活を支えているのである．

カンポンは自然発生的に人口密度を高めていき，極小の住宅がひしめき合う界隈となった．インフラは未熟で，住宅もセルフビルドないしは親戚・知人の協力を得て建てられた簡素なものが多い．劣悪な物的環境となり，深刻なスラム問題を抱えるカンポンもある．ジャカルタではメガシティの成立とカンポンのスラム化，すなわち劣悪な生活環境や貧困を内包する高密度スラムとは不可分の関係なのだ．

本章では，このような高密度化したカンポンがジャカルタでどのように成立してきたか，さらには，高密度化し，劣悪化するカンポンのなかで住民たちがどのような知恵を働かせながら暮らしの水準を高めてきたかを捉える．

3.2，3.3 ではカンポンの歴史を扱う．3.2 ではカンポンが植民地期からの都市居住のスタイルであり，戦後の人口増加で高密度化していく過程を取り上げる．3.3 ではジャカルタに存在する高密度なカンポンには，植民地期のカンポンを基盤にして成立した歴史的なカンポンが多いことを指摘し，その政策的な要因を探る．

一方，3.4，3.5 では住民の視点からカンポンの特徴を捉える．3.4 では，カンポンの住民たちが自らの居住環境をどう評価しているかに着目しながら，カンポンの持続性にとって何が重要な働きをしているのかを考察する．さらに 3.5 では，カンポン住民による生活の質を高めるための方策を温熱環境という視点から取り上げる．

そして最後に，こうしたカンポンの歴史性やカンポン住民の知恵が，高密度カンポンの改善にどのような意味を持つかを考えてみたい．

3.2　高密度化するカンポン

3.2.1　植民地期のカンポン

カンポンとは，マレー語で「集落」を意味し，「ムラ」や「田舎」という意味でも使われる（倉沢，2006）．そのため，都市の住宅地を「カンポン」という

3　ジャカルタのカンポン　　　　37

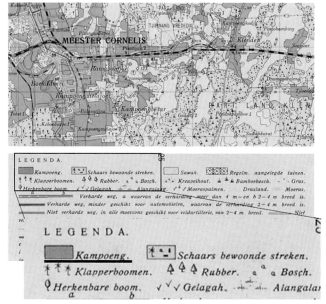

図 3.1　植民地期の地図とカンポン（図中の濃い灰色個所がカンポンを示す）
出典：*Java 1: 50,000* Topografische dienst in Nederlandschlndië, 1915-1942. ライデン大学所蔵

言葉で表現したならば，それは「都市のなかのムラ」を意味することになる．この言葉のとおり，カンポンの形成には村落的な慣習や社会関係が深く結びついていることがこれまで指摘されてきた（布野，1991）．

　いつごろ都市の住宅地を指してカンポンと呼び始めたのかははっきりとわかっていないが，少なくとも 17 世紀に始まるオランダ植民地期には用いられている．1619 年，オランダはバタヴィア（現ジャカルタ）を支配して，城砦と市壁を築造し，都市形成を開始した．それにともない，インドネシア諸島の各地から様々な民族が新たにバタヴィアにやってきて都市周辺に居住するようになった．17，18 世紀の植民地初期には，移民たちは，民族毎に居住地を形成した．そこでは各民族の慣習が保持されていて，人口密度も低く，見た目には自然発生的に形成される村落のような風景だったと推察される．まさに「都市のなかのムラ」であった．各居住地は，民族の名前をつけてカンポンジャワやカンポンバリなどと呼ばれた．

時代が下ると，民族間での混血が進み，民族別の棲み分けは次第になくなっていく．しかし，カンポンという言葉は，都市のなかの住宅地を指して一般的に使われ続けた．20世紀初頭にオランダがつくった地図には「カンポン」と表記された土地利用区分があり，そのエリアは市街地と区別され，緑色に彩色が施されている（図3.1）．オランダ政府が製作したこの地図には，どのような場所をカンポンとするかの定義は書かれていないが，当時オランダが刊行した事典 Encyclopaedia van Nederlandsch-Indië, Martinus Nijhoff, 1895-1905 を繙いてみると，ヨーロッパ人たちにとってカンポンとは，インドネシア各地を出身地とする現地民族が集住する地域だとある[1]．

　こうした「植民地期のカンポン＝現地人の居住地」という理解は一般的である．もちろん，20世紀初頭のカンポンには，現地人だけではなく，中国系，ヨーロッパ系など非現地人も住んでいた（Colombijn, 2010）．逆に，現地人であっても階層の高い人びとは，たとえば中央ジャカルタ市のメンテン地区のようなオランダ人が多く住んだとされる居住地にも住んでいた．そのため，社会階層の低い人びとが相対的に多い地域というのがカンポンの実情に近い（Colombijn, 2010）．とはいえ，植民地という支配構造のなかで，下層の人びとには現地人が圧倒的に多かったことを考慮するならば，カンポンは現地人の大半が身を寄せる場であった．

　Krausse（1982: 51）によれば，植民地において「都市的」とは一義的にはヨーロッパ人が専有する商業地や居住地を意味し，カンポンは除外されていた．こうした二元的な空間の捉え方は，当時の統治システムに表れている．オランダは，1854年に制定した東インド統治法（Regeringsreglement）第72条において村落自治権を認めていた．村落内の取決めや運営に関しては，村長を中心に地域の慣習で処理することが許されていた．植民地政府による一元的な支配ではなく，村落の裁量を認めるという二元的な統治システムをオランダは採用したのである．このような考え方は土地制度にも適用された．植民地政府による土地法がある一方で，各地の慣習法を尊重し，現地人同士の土地の問題については慣習法に基づいて処理することを公認した（加納，2004）．

　村落自治権は主に地方の村落に適用されたが，都市や都市近郊のカンポンにも及んだ（山本／布野，2002；Reerink, 2014）．ただし，当時バタヴィアには村落

自治権のあるカンポンはなかったとされていて（Colombijn, 2010），カンポンすべてに当てはまるわけではない．だが，二元的な土地制度はバタヴィアのカンポンにも及んでおり現地人が慣習的に利用してきた土地は，現地人同士であれば彼らの裁量で処理することができた．

したがって，現地人が多く住んだカンポンは，彼らの村落的慣習に基づいて形成される場所で，いわゆる自然発生的な集住地であった．住宅もヨーロッパ人たちのレンガや RC 造の住宅とは異なり，壁に網代を用いた木造住宅が果樹の生い茂るなかに建っていた．当時のジャカルタにはその二元的な支配構造を反映して，「都市的な居住地」と共に，「村落的慣習による自然発生的な集住地」が都市に広く展開していたのである．それが，独立後の高密度な居住地の形成に引き継がれていくのである．

3.2.2　都市カンポンの成立

1942 年から 45 年まで日本の侵略を受けたインドネシアは，日本降伏直後の 1945 年 8 月 17 日に独立宣言を行った．その後，オランダとの約 4 年間の独立戦争を経て，1950 年にはインドネシア共和国が成立した．

独立後のジャカルタには，農村や地方都市から大量に人口が流入した．1954 年にジャカルタで実施されたカンポン調査の報告書によれば，1950 年代前半には年間 10 万人以上の人口流入があった（Heeren, 1955）．1951 年の人口が約 150 万人とされているため，流入による人口の純増加だけで年率 7% 前後に上る，急激な人口増加であった．

この人口流入の過程は，一般的に「過剰都市化」や「産業化なき都市化」と称される（山本，1999）．工業発展と雇用創出がプル要因となって農村や地方都市から人びとが集まったわけではなく，ジャカルタに十分な雇用がないにもかかわらず，地方の社会経済的状況の悪化とジャカルタへの期待によって都市化が進展した．結果として，人口増に見合ったフォーマルな雇用が生み出せず，屋台引きやメイドなどサービス産業を主とするインフォーマルセクターに従事する貧困層が都心に溢れることとなった．ジャカルタの人口増加は，80 年代後半からは次第に郊外へと移っていくが，それ以前はこうした都心への流入が中心であった．

この流入の受け皿の1つとなったのが，植民地期からのカンポンであった．地縁血縁を頼って集まった人びとは，植民地期から行われていた地元住民との間での村落的慣習による土地のやり取りをとおして，カンポンのなかの空き地あるいは周辺の田畑に住み家を得たのである．その結果，ジャカルタでは人口密度の高い都市化したカンポンが次第に増加していった（以下，高密度化したカンポンを都市カンポンと呼称する）．とりわけ就業機会に恵まれた都心に立地するカンポンには人が溢れ，極めて高密度でスラム化した都市カンポンも生まれた．

　独立後の土地制度は植民地期と異なり，1960年に土地基本法が制定されて土地法は一元化された．そのため，慣習法に基づく土地の権利もまたインフォーマルとなった．戦後の土地法は慣習法による土地の権利をフォーマルな権利に転換することを指示したが，変換は順調に進まず，カンポンの土地は，大半が政府の土地局に公式に登録されずインフォーマルなままであった（Kusno, 2013: 139-171）．ただし，Kusno（2013: 139-171）によれば，政府はインフォーマルな土地所有をある種黙認するかたちで，行政の末端組織で非公式に登録・管理していたようだ．しかしいずれにせよ戦後は，植民地期から続く村落的慣習によるインフォーマルな土地供給と住民たちによるセルフビルドの住宅建設という組み合わせが，政府や民間企業による住宅供給が十分に行われないなかで，増加する中下層の人びとが住まいを得ることを可能にしたのである．

　当然のことながら人口を吸収したのは，なにも植民地期のカンポンだけではなかった．河川や鉄道沿いなどの公有地を不法占拠するいわゆるスクオッター地区もある．スクオッター地区と村落的慣習に基づいた集住地とは，明確に区別されず一般的にどちらもインフォーマル居住区と認識される．だが，植民地期からの土地制度に鑑みればそれぞれのインフォーマル性は異なる．途上国での急激な都市化が生む高密度居住地としては，スクオッター地区に目が向きがちである．しかしジャカルタの場合，そうしたスクオッター地区よりも，植民地期からのカンポンの方が戦後の人口吸収に重要な役割を果たしたと考えられる．それは，植民地期にすでにカンポンであった場所が，現在も都市カンポンになっている場所が数多く存在するからである．次節ではそのことを示してみたい．

3.3 百年カンポンの形成

3.3.1 鳥の目でみた都市カンポン

　戦後，都市に流れ着いた人びとによって形成された都市カンポンは，一体いまジャカルタ全域でどのような広がりをみせているのであろうか．ここでは，ジャカルタ全体を見渡すような鳥の目で現在の都市カンポンの姿を観察してみよう．

　だが，そうはいっても都市カンポンの分布を示した公式の地図はない．そこで都市カンポンの分布を知るために，ジャカルタ全域の居住環境を物理的特徴にしたがって複数のタイプに分類することから始めた．分類の基準とした物理的特徴は，①街区形状，②緑地の割合，③建物密度，④建物高さの4つである．これらの特徴に基づいてジャカルタ全域の居住環境を観察した結果，大きく4つの類型――「都市カンポン（都市内集落型）」，「農村型」，「計画配置型」，「高層型」――に分けて，ジャカルタ全域の居住環境を把握することとした[2]．

　それぞれの類型の特徴は次のとおりである．「都市内集落型」と「農村型」は，地形などの影響を受け道路が直線的でなかったり直交していなかったりと，どちらも街区形状が不均一な場所である．もともとそこにあった道路を基準に徐々に住宅が建て込んでできる自然発生的な集住地によく表れる特徴である．したがって，この2つの類型をもっていわゆるカンポンと見なすことができる[3]．建物高さも両者共通して1-2層の低層住宅が中心である．一方，建物密度と緑地割合が両者で異なる．より密度が高く，建物が建て詰まったところが「都市内集落型」，密度が低く居住地内には果樹や畑があって周囲には田畑が広がっているようなところが「農村型」である．前者が，本巻が扱う都市カンポンに対応し，スラム化したものも含まれる．以下では，「都市内集落型」を都市カンポンと表記する．

　「計画配置型」は，街区形状が幾何学的で，建物が比較的整然と並んでいる居住地を指す．1-2層の低層住宅が中心で，建物密度は低密からやや高密度のものまで含む．地域内に樹木や公園が整備され緑地の割合が高い場所も存在する．最後の「高層型」は高層の集合住宅であるが，一部5-6層程度の中層の集

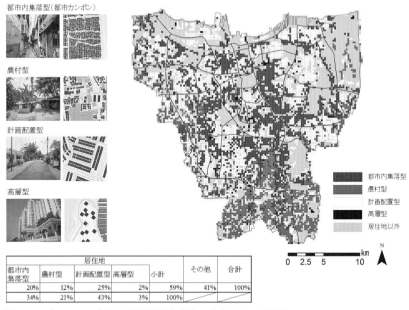

図 3.2 ジャカルタ全域の類型別居住環境の分布とその面積比

合住宅も含まれる.

以上4つのタイプのいずれかにジャカルタ全域の居住環境を分類した結果が図3.2である. これはジャカルタの居住地を250m四方のメッシュに分割し, 衛星写真を基に各メッシュがいずれの類型にあたるかを目視で判別することで得られたものである[4].

まず, 都市カンポンに目を向ければ, ジャカルタ内にいくつかまとまった集積を確認できる. とりわけ中央やや東寄りを縦に貫く集積が目立つ. この集積のラインは, 主に19世紀はじめに建設された南のボゴール市に至る幹線道路沿いにあたる. 人びとを吸引する都市カンポンの立地には, 周辺のインフラが深く関係しているようだ. 次に, 農村型に目を移すと, 農村型は比較的南部に集中しているものの, 概してジャカルタの縁辺部で確認できる. 郊外に行けばカンポンの人口密度が下がる傾向が明瞭に表れている. ただし, 量の上では都市カンポンが農村型に勝り, ジャカルタではカンポンの主流は高密度化した都市カンポンであることがわかる.

一方，この分布を一望して気づく大きな特徴は，2つのカンポンの分布とともに，計画配置型が広範にジャカルタに存在していることであろう．図中の類型別に面積比を算出した表が示すとおり，都市カンポンと農村型とを合わせたカンポン全体の割合はジャカルタの居住地全体の5割強で，なおカンポンが存在感を示しているものの，計画配置型は4割に及び，カンポンにほぼ拮抗している．

しかしながら，カンポン，それも都市カンポンが，ジャカルタの人びとの生活を支える中心的な場であることはいまなおそうである．この点は面積比よりも人口比でみるとより明瞭となる．分布図をもとに各類型に居住する人口の割合を既存の人口データから概算したところ[5]，都市内集落型が44％，農村型が15％，計画配置型が39％，高層型が3％と，ジャカルタの半数近い人が都市カンポンに暮らしているという状況が浮き彫りになった．かつて8割近くの人びとがカンポンに住んでいた状況は次第に変容してきたとはいえ，都市カンポンに住む人びとがいまだ主流なのである．

3.3.2 20世紀前半にいまを重ねる

では，いま述べた現状のカンポンの分布を植民地時代の状況と重ねてみるとどんな変化がみえるだろうか．オランダは17世紀の植民地化以降，数々の地図を残している．とりわけ19世紀半ば以降の地図は，測量技術の進展により，地理情報システム（以下GIS）を用いて測地系をそろえることで，年代の異なる地図を正確に重ね合わせることができる（三村／松田，2014）．そこで，ライデン大学が所蔵する1930年前後のジャカルタの様子を示すJAVA 1：50,000図を用いて[6]，100年近い都市の変貌を捉えてみよう．

JAVA 1：50,000図は，土地測量局が1900年から1942年にかけて測量，1915年から1942年に順次作製したもので，20世紀前半のジャワ島全体の様子を伝える貴重な地図である．このうちジャカルタが含まれる個所は，おおむね1930年前後に作製された．この地図上に描かれた土地利用区分をGIS上でトレースしてデジタルデータへと変換することで，現状の居住環境が1930年前後にはどのような場所であったかを定量的に分析できるようになる．

地図には細かな土地利用区分がなされているが，分析には市街地，カンポン

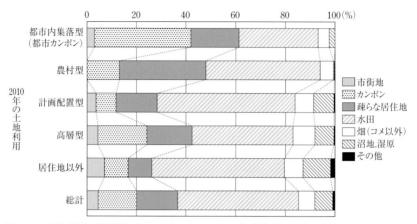

図 3.3 居住環境の類型別（2010 年）にみた 1930 年時点の土地利用の状況

(kampoeng), 疎らな居住地 (schaars bewoonde streken), 水田 (sawah), 畑 (bouwland), 湿地 (moeras), その他に区分したものを用いる[7]. ここに登場する疎らな居住地という区分は, 地図には詳細な説明は付されていないが, 現地人たちの家が点在していた場所だと想定される（三村／松田, 2014）. つまりカンポンほどには住宅の数が多くない現地人居住地である. したがって, カンポンと疎らな居住地とは, 密度の違いはあるがいずれも植民地期における自然発生的な集住地だと捉えることができる.

　図3.3は, このデータを開いて現在の居住環境が1930年にはどの土地利用区分に属していたかを, 類型毎に表したものである. このなかで都市カンポンをみると, その4割が1930年ごろにすでにカンポンだったことがわかる. さらに, 疎らな居住地だったところ（19%）も含めると, 現在の都市カンポンの実に約6割が, 植民地期の自然発生的な集住地の上に成立しているのである. つまり都市カンポンのほぼ2つに1つは植民地期にルーツを持ち, 少なくとも100年近くは既存の都市組織を大きく変えることなく生活を重ねてきた歴史性のあるカンポンなのだ. それらは言ってみれば「百年カンポン」である.

　一方, 植民地期にカンポンであった場所は, どの程度現在まで百年カンポンとして生きながらえているのだろうか. 次に, 過去のカンポンが現在どうなっているのかを確認してみよう. 図3.4がそれを示したものだが, これをみると

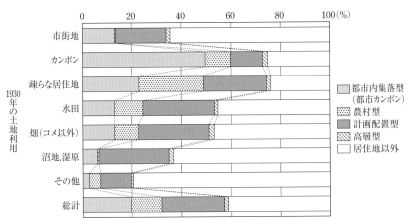

図 3.4 1930 年時点の土地利用別にみた 2010 年の居住環境の状況

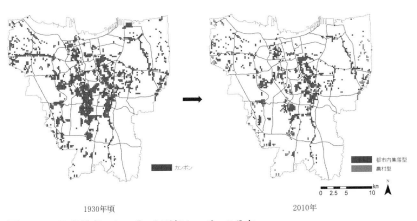

図 3.5 1930 年時点のカンポンと百年カンポンの分布

　かつてのカンポンの半数が都市カンポン，1 割が農村型で，両者を合わせると 6 割のカンポンが現在まで残っていることがわかる．さらに，残ったカンポンの大半が都市カンポンになっていることから，植民地期のカンポンの多くは戦後の人口流入を吸収する働きをして，密度を高めて都市カンポンになったといえる．

　だが同時に，かつてのカンポンの 4 割は消失したことになる．図 3.5 は，か

つてのカンポンの分布と現在カンポン（都市カンポンおよび農村型）として残っている個所とを示したものである．一見するとカンポンの分布構造にそれほど大きな変化はないが，中央やや南西側での消失が目立つ．ここは戦後，タムリン通りやスディルマン通りなどの目抜き通りが建設され，スカルノ期から現在に至るまで，ジャカルタビジネスの中心地として金融センター，オフィス，ショッピングモール，スポーツ施設などの開発が進んできた地域である．図3.4からも消失したカンポンの半数以上が，商業施設などの居住地でない土地利用に変化したことがわかる．こうした都市開発が集中的にカンポン消失をもたらしたのである．

以上のように，植民地期のカンポンの4割は開発によって消失してしまった．だがその一方で，戦後の溢れる人口は，既存のカンポンだけではなく，周囲の田畑などに流れ込み，新規に都市カンポンを形成した．ただ，それでもやはり戦後の都市カンポンの形成に重要な役割を果たしたのは植民地期のカンポンであった．その半数が人口増加の受け皿となり，百年カンポンとして現代に引き継がれた．植民地期のカンポンを基盤にしながら都市カンポンの形成と拡大が進んだことが，戦後ジャカルタにおける都市化の大きな特徴なのである．

3.3.3　行政の目からみたカンポン

では，カンポンの景観は，都市行政の視点からはどのように映っているのだろうか．冒頭でも述べたようにカンポンに対してインドネシア政府は公式な定義を与えていない．しかし，高密度なカンポン（都市カンポン）と一般に認識されている場所を形容するのに政府がしばしば使う言葉がある．それが「規則的でない」あるいは「整然としてない」を意味する「ティダ・トゥルアトゥル (tidak teratur)」だ．

後述するように，80年代に入ると政府は，カンポン改善計画の一環として，既存のカンポンをクリアランスし，中層集合住宅（インドネシア語でルマ・ススン (rumah susun)）に建て替える政策を開始した．高密で劣悪な居住環境に置かれていたカンポンの住民たちに，設備やインフラの整った新しい住まいを提供するプログラムである．ただし，建て替えに際して元の住民のほとんどが移転してしまったケースも多く，実質的には，プログラムは当初の思惑どおりに

進まなかったことには注意が必要である．このプログラムの第1号は，1981年に中央ジャカルタのタナ・アバンに完成した．この事業規模は1.82 haで，クリアランスされた住戸数は798戸であった（スヨノ，1986）．つまり，建て替え前のカンポンの住戸密度は，438戸／haであり，当時の1戸当たりの平均居住者人数が5人程度であったことを考えると，2,000人／haを超える高密度なカンポンであったことがうかがえる．

この中層集合住宅の竣工に際して，住民たちを集めた記念式典が実施された．その式典には，当時大統領であったスハルトが出席し，演説を行った．この演説に当時政府が高密度なカンポンをどのように認識していたかが表れている．演説のなかでスハルトは，「薄暗い掘立小屋が不規則に（tidak teratur）ひしめき合っているようなところが住まいであれば，人びとは平穏で健康的な生活などできないだろう」と前置きした上で，「この中層住宅建設によって，多くの人びとが生活を満喫できる規律的（tertib）・規則的（teratur）・健康的（sehat）な居住環境が完成した」と，このプロジェクトを称賛したのである．

ここに出てくる「規律的・規則的・健康的」といった言葉は，いまなおインドネシアの法令に頻繁に登場するが，この演説が象徴するように，それらは望ましい居住環境を表現するために使用されている．一方，それとは対比的に，「不規則な」という言葉は，改善すべき居住環境を表現するために用いられている．このプログラムの対象が高密度カンポンであったように，カンポンはしばしば政府によって「不規則な」と形容されてきたのである．

このようにカンポンは，望ましくない居住環境との見方を行政からされてきた．しかし，そうであるにもかかわらず，どうしてカンポンは今なおジャカルタの景観の過半を占める存在であり続けているのだろうか．その理由には，カンポンに対する政策の歴史が関連している．次にその点をみていこう．

3.3.4　カンポン改善の歴史

（1）　植民地期のカンポン改善事業

行政がカンポンの改善に取り組んだ歴史は古い．カンポンが都市問題として認識され，政府がその改善に着手するようになったのは，20世紀初頭の植民地時代である．植民地期のカンポン改善事業については，その経緯を丹念に追

った山本／布野（2002）や Colombijn（2010）の研究がある．ここでは主にこの研究に依拠しながら，内容をみていくことにする．

　まず，「カンポン問題（kampongvraagstuk）」が植民地政府の課題としてはじめて登場するのは 1910 年代である．当時，都市では人口が増大し，市域の拡張やヨーロッパ人居住地のインフラ整備に対処する必要に各自治体は迫られていた．この課題はカンポンとも深く関係した．たとえば，市域の拡張は，都市周辺のカンポンに開発が及ぶことを意味したし，人口増加で環境が劣悪化した都心のカンポンでは周辺のヨーロッパ人居住区への悪影響が懸念された．こうして議論がスタートしたカンポン問題は，1920 年代から各自治体によるカンポン改善事業を促した．当初は各自治体が独自財源で事業を実施していたが，1929 年からは植民地中央政府が改善事業に対する補助金の交付を開始し，1938 年にはカンポン改善事業委員会（Kampongverbeteringscommissie）を設置して中央政府主導の事業として推進していった（山本／布野，2002；Colombijn, 2010）．

　事業の内容は主に道路と排水溝の整備であった．それ以外にも，公共の水浴び場やトイレの設置，街灯・小公園などの整備，住宅の改善なども実施されたようだが，ほとんど政府の補助金対象として扱われず，道路と排水溝の設置に比べればあくまで付加的な事業であった（山本／布野，2002）．要するに，インフラ整備のみを行い，個々の住宅はその後の自主的な改善に任せるセルフヘルプをベースとしたオンサイト型の改善事業であった．20 世紀前半といえば，欧米や日本ではクリアランス型のスラム改善がすでに手法として定着していた時期だったが，この事業は 60 年代から 80 年代に盛んに提唱されたセルフヘルプのスラム改善の発想にむしろ近かった．ただし，戦後のスラム改善理論の骨子である計画や施工への住民参加をともなうものではなく，この点が，次に述べる KIP カンポン改善プログラム（通称 KIP）との大きな違いである．そうではあるが，戦後の KIP に先行してオンサイト型の改善事業を実施していたという点で，植民地期のカンポン改善事業は注目に値する．

（2）　KIP カンポン改善プログラム

　インドネシアで最も大規模かつ有名なカンポン改善事業が KIP である．KIP

は 1960 年代末から始まり，70 年代半ばからは世界銀行の融資を得て事業規模を拡大し，80 年代終わりまでにジャカルタ，スラバヤ，スマラン，ウジュン・パンダンをはじめとする数多くの都市で実施された．

　KIP の内容は，植民地期のカンポン改善事業同様，オンサイト型でインフラ整備が中心であった．しかし KIP では，道路の新設や拡幅，側溝の設置以外にも，上水・下水処理設備，共同の水場やトイレ，ごみ回収施設などの整備もなされ，診療所や学校などコミュニティ施設の設置もそれなりに実施された．そして，KIP の最大の特徴は，計画や施工の段階で住民参加を促し，住民たちの協力によって事業を進めることにあった．インドネシア社会には，ゴトン・ロヨン（gotong royong）と呼ばれる住民同士の相互扶助の慣習がある．その慣習にしたがい，住民たちは資材や労働力をお互いに提供し合って，改善事業に参加した．このような住民の協力が，事業のコストを抑えることに貢献し，国際機関の支援もあって，KIP は規模が大きく息の長いプロジェクトになった．KIP は世界的にも高く評価され，1980 年にはイスラム圏の優れた建築に授与されるアガ・カーン建築賞を受賞した．

　ジャカルタで KIP が始まるのは，1966 年である（スヨノ，1986）．当初は住民たちが主導する事業で，住民たち自身で建築資材を集め，路地の舗装などをしていたという．そのうち，ジャカルタ州政府に助成を要請するようになり，住民が 60％ の資金を集めると州政府が残りの 40％ を補助する「60／40 方式」と呼ばれる手法によって事業が実施されていった．その後，スハルト政権下で策定された第 1 期 5 カ年計画（1969-1974）で，州政府は 89 のカンポンを対象に 65 億ルピア投入することを決定し，カンポン改善に本格的に取り組むようになった（スヨノ，1986）．この計画は，20 世紀前半にインドネシア民族主義運動の指導者として活躍した英雄の名を冠して「タムリン計画」と呼ばれた．さらに，74 年には世界銀行がこの事業への融資を決定し，以後ジャカルタは，76 年，79 年，83 年の計 4 回世界銀行から融資を受けた．

　第 3 期 5 カ年計画が終わる 1984 年までに計 3,511 ha のカンポンが改善を受け，対象となった人口は 168 万 1,727 人に及んだ（スヨノ，1986）．1980 年時点のジャカルタの人口が約 650 万人であるため，ジャカルタ全体で 25％ ほどの世帯が KIP を体験したといえる．また，対象となったカンポンの平均人口密

図3.6 政府刊行物に掲載されたカンポン改善事業.住宅の一部を壊している.
出典:Ditjen Cipta Karya (1982: 30)

度が479人/haであったことを考えると,必ずしも極度に高密度化したカンポンのみが対象となったわけではなく,中密度から高密度にかけてのカンポンが対象となったことがうかがえる.

　上述のとおり,KIPは住民参加をともなったオンサイト型のスラム改善である.それゆえ,60年代から70年代にかけて建築家J・ターナーらが提唱したセルフヘルプのスラム改善理論をある種体現した先進的なプロジェクトとして注目を浴びてきた.しかしながら,KIPの住民参加が,住民の主体性をどれほどともなっていたかは疑問が残る.たしかに初期のKIPは住民からの要望で始まったため運営主体は住民であったが,その後のKIPは住民からの改善要望を拾い上げるものではなかった可能性が高い.KIPが実施された地域の住民にとっては,政府が道路をつくったプロジェクトという感覚が一般的だという指摘もある(澤,1999).さらに,80年代初頭に政府が作成したKIPの冊子には,住宅の前方を壊している最中の写真を掲載し(図3.6),写真のキャプションには住民参加の必要性がうたわれている(Ditjen Cipta Karya, 1982).この工事は土地供出のためだと考えられるため,住民参加といえども,上からのプログラムを成功させるのに必要な土地や労働力,資材を供出するという意味合いが強かったことがわかる(澤,1994).当初あった住民の主体性は70,80年代のKIPでは弱まっていたと推察される.

　しかし,いずれにせよ住民の協力が広範なKIPの実施を支えたのは事実で

ある．KIPの手法が，現状の街並みへの介入を最小限に抑えたものだったことも，住民の協力を得るにはプラスに働いたであろう．せいぜい道路拡幅や公共設備に必要な敷地を提供するくらいである．住民が移住する必要もなく，街区形状はおおむねそれまでの形状を踏襲した．つまり，既存の都市組織やコミュニティを大幅に変えることなく，ジャカルタの広範囲でカンポンはカンポンとして持続力を高めたのである．また，KIPの最初期には対象となるカンポンの選定にガイドラインが設けられており，古いカンポンを優先的に改善するという項目が含まれていた（スヨノ，1986）．それゆえ，植民地期からある古いカンポンが物的環境を大きく変えずに存続する可能性をKIPが高めたといえる．KIPがジャカルタ全体で実施されたことが，現在，百年カンポンがジャカルタに多数存在している要因の1つなのである．

(3) クリアランス型カンポン改善事業

植民地期から既存都市組織を大きく変えずにきた百年カンポンが都市に残る一方で，消失したカンポンもあった．スラム改善の視点に立てば，消失の原因として思い浮かぶのがスラムクリアランスの実施だ．

70年代から80年代にかけてKIPは広くジャカルタで実施されたが，あまりに高密度過ぎるところはオンサイト型のKIPでは対応できなかった．たとえば，当時実施されたKIPの事後評価調査では，1haあたり1,000人を超える地域では，改良の効果がみられなかったと報告された（スヨノ，1986）．そこで，住民を一度移動させて既存住居を取り除いた後，新規に集合住宅を建設して住民たちに再供給する，いわゆるクリアランス型の改善手法に80年代から政府は取り組み始めた．このようなクリアランス型の事業も，KIPと同様にカンポン改善事業の名のもとに行われた．

この事業の第1号が，先ほど紹介した1981年に実施されたタナ・アバンでの4階建ての中層集合住宅への建て替えである．この事業をきっかけとして85年には集合住宅法（集合住宅に関する法律1985年第16号）が制定された．この法律では，集合住宅の開発は主に低所得者向けの住宅供給を目的とするもので，土地を効率的に利用し，とりわけ過密地域の居住環境の改善に役立つものと位置づけられた．要するに，カンポン改善事業と関連して集合住宅供給のた

めの法整備が進められたのである．

　しかし，スラム改善の歴史からみれば，これはやや奇妙である．クリアランス型の失敗からセルフヘルプによるスラム改善が世界的潮流となったにもかかわらず，インドネシアでは先進的な KIP のあとにクリアランス型のカンポン改善に力を入れるという逆の流れを辿ったからである．その結果これまでの定石どおり，もともとの住民が移転してジェントリフィケーションが発生したり，受益者負担のしくみがなく財政を圧迫したりして，ほとんど成果を生まなかった．ジャカルタ州政府の統計では，2010 年までに供給された集合住宅は約 2 万 4,000 戸で，これにはカンポン改善ではなく新規住宅供給を目的としたものも含まれるため，カンポン改善に対するインパクトは極めて小さかったといわざるを得ない．

　しかしながら，いまでも政府の主眼はクリアランス型にあるようだ．2015 年 8 月，ジャカルタ市街を流れるチリウン川沿いのカンポンプロでは，政府の用意した近くの集合住宅へ住民たちが移転していく光景が見られた（Kompas 2015-08-21）．洪水対策のために跡地には河川改修が施されるという．近年ジャカルタでは洪水が深刻な問題となっている．そのため，この事例のように川沿いのカンポンを撤去して，河川改修と住宅改善とを一緒に行う事業が増えている．洪水対策からクリアランスが要請されているのだ．

　クリアランス型の改善事業は，街区やインフラを一から整備することができるため，環境の質を向上させる効果は大きい．しかし，土地の権利移転やコストの問題などで適用範囲は部分的にならざるを得ない．そのため，現在は洪水対策にターゲットを絞ったクリアランスに政府は力を入れているようだ．これまでのジャカルタを振り返るならば，クリアランス型の改善事業はカンポンの消失には目立った影響力を持たなかった．だが，今後は河川沿いのカンポンの景観を顕著に変えていくかもしれない．

　クリアランス型の改善事業が，これまでのカンポン消失の大きな要因でないとすると，改善事業とは関係のない都市開発あるいは区画整理がカンポンの消失をもたらしたことが想定される．

　区画整理は，日本でも広く用いられる手法だが，それぞれの地権者が土地の一部を供出し，それをインフラ整備と事業費の創出にあて，事業後に整備済み

の土地を地権者に再分配する換地方式を採る．土地を媒介にした受益者負担のしくみがあり，地権者が協力して区画を整備をするため，街区の大幅な改変も比較的行いやすい．インドネシアで区画整理の法整備が行われたのは，1991年である（区画整理に関する国土庁長官規定第4号）．ただ，ジャカルタで区画整理がどの程度実践されたかは現在のところ明らかではない．今後の研究が必要だが，土地権利がフォーマルでない地域が多いことを考えるとそれほど普及していないと考えた方が良さそうだ．

そうすると，3.3.2で指摘したようにやはり都市開発がカンポン消失の主たる要因になる．ビジネス街の建設がかなりの数のカンポン消失をまねいたと考えられる．その場合，都市開発による強制立ち退きを受けた住民たちがそれなりにいたであろうし，別のどこかにカンポンを形成することにもなっただろう．都市全体から見れば，そのような開発がカンポンの数を減らしたのかどうかには検討の余地がある．戦後のカンポンの形成過程を捉えるには，持続してきたカンポンとともに，開発によって移転した住民たちがその後どのような場所に住んだのかにも目を向ける必要がある．

(4) ローコスト住宅の供給

カンポン改善事業の目的は，すでにある居住環境を改善することであり，いわばストックの改善である．しかし，ジャカルタ以外から人口が流れ込んでくる状況では，新規流入層に対する住宅供給を管理しなければ，これまでと同じように劣悪な居住環境が再生産され続けることになる．カンポンの改善が図られても，そこが人口吸収の場のままでは，改善で得られた効果は失われてしまう．したがって劣悪化したカンポンを減らそうと思えば，カンポンの新規形成や既存カンポンへの人口流入を緩和するために，低所得者向けローコスト住宅の開発が必要である．この点について政府の取り組みを見ていこう．

インドネシアでは1970年代以降，住宅供給のしくみづくりが本格化した．74年に国民住宅公社（Perum Perumnas，以下プルムナス）を設立し，ローコスト住宅の開発と建設を進め，76年には国家貯蓄銀行を設立し，住宅ローンによる住宅購入のしくみをつくった．

プルムナスがとりわけ低所得者向け住宅供給として採用したのが，最小限の

部屋とバス・トイレのみを建設して，残りは住民自身による増築で住まいを拡充することをコンセプトとしたコアハウジングであった．ジャカルタで採用された最初の事例は，東ジャカルタのクレンドゥル地区で，約6,800戸のコアハウジングが建設された．

　戸建住宅以外にも，80年代からは中層集合住宅が低所得者向け住宅供給のビルディングタイプとして扱われ，90年代半ばには高層集合住宅もそれに加わった．高層集合住宅については，2006年から1,000タワープロジェクトがインドネシア全体で始まった．これは，政府と民間デベロッパーとが協力して，基本的には政府が土地を整備し，民間がローコストな高層集合住宅を建てるというしくみで，計1,000タワーをインドネシアに建設する計画だった．低所得者には政府が補助金を提供し，購入を支援した．1,000タワーのうち半数がジャカルタに建設されるはずだったが，実際にはその目標はほとんど達成されていない．さらに，補助金がついたとしても低所得者が購入できる価格ではなく，購入したのはほとんどが中間層以上だった．2009年にはインドネシア全体で4万戸の供給があったが，補助金つきで購入されたのはわずか2,000戸だけだった（Kusno, 2013: 162）．

　以上のように，70年以降に数を増やしていったローコスト住宅であるが，低所得者の住まいとしては機能しなかった．供給価格が低所得者の収入に適合せず，結局は中間層以上が住んだ．結果，低所得者の寄る辺としての都市カンポンの役割は大きいままだった．都市カンポンの持続には，住宅供給の失敗が絡んでいる．

　一方，カンポン改善事業には，オンサイト型のKIP以外にもクリアランス型の取り組みがあった．80年代以降は，建て替え事業や区画整理事業など既存街区を大きく改変することによって居住環境を改善する手法を取り入れてきた．しかし，このタイプの事業は，コスト面でも問題があり，量のインパクトはほとんどもたらさなかった．したがって，政府による改善事業や住宅供給の歴史が，結果的に百年カンポンを生み出したともいえるだろう．

3.3.5　都市カンポンの蓄積

　百年カンポンには，戦後高密化して都市カンポンになったものと，それほど

高密化せずに農村型になっているものがある．とりわけ都市カンポンになったものは，植民地期から現在への過程で激しい変化をともなったが，それでも都市組織を一新してしまうことなく，連続的に暮らしの場を積み重ねてきた．その積み重ねがもたらしたものは，物的環境の蓄積にとどまらない．人びとのつながりもまたそうである．

都市カンポンは，50年代から80年代にかけて，増加する人口が流れ込み高密化してできた．そこはジャカルタの外から新たな人びとが次から次にやってくる場所であった．そのため，当時の住民たちの大半は，古くからのコミュニティに属する人ではなく新参者であった．その意味では植民地期のカンポンのコミュニティは，戦後大きく変化したとみられる．

だが，それから半世紀近くの時を刻んできた都市カンポンのコミュニティは，現在新たな局面を迎えている．ここで，ジャカルタ都市圏内の2つのカンポンで行った調査をもとに，そのことを示してみたい．

ここに挙げる2つのカンポンは，それぞれ都心と郊外に位置する．都心のカンポンは，中央ジャカルタ市のチキニに位置し，第4章以降で詳しく取り上げる都市カンポンである（以下，チキニと呼称）．独立記念塔が聳えるジャカルタの中心地からわずか3kmほどの距離にあり，植民地期から続くカンポンである．他方，郊外のカンポンは，ジャカルタ西隣のタンゲラン市ポリスガガバルに位置し（以下，ポリスガガと呼称），いまだ低密な農村型のカンポンである．都心からは20kmほど離れた場所でスカルノハッタ国際空港からほど近い．この2カ所のカンポンで2014年9月から10月にかけて住民たちにインタビュー調査を実施した．このデータを使って，ここでは両カンポンの世帯主の居住年数を比較してみたい．なお，調査世帯数は，都心のチキニでは46世帯，郊外のポリスガガで62世帯である[8]．

まず，カンポンでの居住年数と現在居住している住宅の居住年数から調査世帯を3つのグループに分ける．1つめのグループは，10年以上同じ住戸に住み続けている世帯である．2つめは，10年以上カンポンには住んでいるが，いま住んでいる家の居住年数が10年以内の世帯である．このグループには，10年以内に家を新築した場合やカンポン内で住まいを移した場合，カンポン内に実家があってそこから独立した場合などが含まれる．ただし，増築の場合は含ま

れていない．3つめのグループは，この10年以内に新しくそのカンポンに移り住んできた世帯である．

以上，3グループの内訳をチキニとポリスガガで示すと次のようになる．チキニでは，46世帯のうち10年以上同じ住戸に住み続けている世帯が33世帯であり，10年以内に建て替えや独立をした世帯は3世帯，新規流入世帯は10世帯であった．一方，ポリスガガでは，62世帯のうち10年以上同じ住戸に住んでいる世帯が22世帯，10年以内に建て替えや独立をした世帯が13世帯，新規流入世帯が27世帯であった．

この結果からわかるように，都心のチキニでは10年以内の新規流入世帯の割合が，郊外のポリスガガに比べると小さい．つまり都心の高密な都市カンポンでは，10年以上同じカンポンに住んでいる人の割合が高まっていると考えられる．

加えて，住戸の建て替えや親世帯からのカンポン内での独立もポリスガガでは13世帯あるが，チキニでは3世帯にとどまる．ジャカルタへの人口流入が著しかった1950年代から80年代にかけて，都心のカンポンでは，いまの郊外のポリスガガがそうであるように，庭先や空き地では新しい住宅の建設が盛んに行われていただろう．だが，すでに住戸が高密度に建て詰まったいまのチキニでは，新たな更地に住宅を建設するケースは郊外に比べてわずかである．とはいうものの，チキニに足を踏み入れるとあちらこちらで建設の様子がみられる．建設活動が衰退したわけではなく，既存住宅の増築やメンテナンスによって暮らしを継続する方向にシフトしているのだと想定される．

このように，都心のカンポンでは，住民の大半はすでにお互いを長く知っている人たちになり，既存の物的ストックを利用しながら生活する段階に入っているのである．

しかし，そのストックに問題がないわけではない．たとえば，都市カンポンはKIPによって人口許容力が上がった面もあるが，KIP以後にそれを超えるだけの新たな人口流入が生じた．KIPが実施された都市カンポンが，さらなる高密化で劣悪な環境に陥っているところは少なくない．けれども，シンガポールのように都市住宅に特化した国で，トップダウンで住宅供給を推進できる環境でもない限り，高密度居住区のストックの代替となる住宅供給は難しいであ

ろう．都市カンポンのような自然発生的な集住地に依存せざるを得ない状況があるのだ．そう考えると，都市カンポンは，積極的に残そうとせずとも残るのが必然だともいえる．

以上を踏まえると，都市カンポンをなくす方向ではなく，これまでの歴史性を尊重しながら，介入によってストックを改善する方向が賢明だとはいえないか．結果的に残ったカンポンを活かす方向にジャカルタの未来があるのではないだろうか．

3.4　住民からみた都市カンポン

3.4.1　都市カンポンへの住民の評価

前節では，自然発生的に形成された高密度な居住地，都市カンポンの成立過程を考察した．戦後の都市化の産物といえる都市カンポンだが，意外にも居住地としての歴史は植民地期まで遡るものが多いということが明らかとなった．このような都市カンポンに対して，政府はやや否定的なまなざしを向けてきたが，そこで生活を営む人びとは自らの居住環境に対してどのように感じているのだろうか．高密な都市カンポンに住む人びとと，都市カンポンとは全く異なる居住環境に住む人びととでは，自らの居住環境に対する意識に何か違いがあるのだろうか．本節ではこの問いを検証することで，ジャカルタに暮らす住民の視点から都市カンポンの姿を捉えてみたい．

具体的には，都市カンポンの住民とそれ以外の居住環境の住民で，居住環境に対する満足度やコミュニティへの評価にどのような違いがあるのかを分析する．分析に用いるデータは，われわれがジャカルタ都市圏（ジャカルタおよび周辺の県・市を含む範囲）で行ったアンケート調査の結果である．このアンケート調査は都市圏全域から無作為に抽出された個人に対して，2011年11月から12月にかけて調査員が各家庭を訪問することにより行われたもので，948人から回答が得られた（このうち817人分をここでの分析対象とする）[9]．質問項目には，回答者の個人属性，居住環境の客観的な特徴，回答者の居住環境に対する満足度，コミュニティへの主観的な評価などが含まれている．

さらにアンケート調査の結果は，それぞれの回答者がどのようなタイプの居

住環境に住んでいるかがわかるようになっている.前節で提示した4つの居住環境類型——都市カンポン型,農村型,計画配置型,高層型——を用いて,回答者の居住地の地理情報をもとにどの居住環境類型に属するかを事後的に把握したためである.無作為に抽出された全回答者の居住環境を確認すると,回答者に高層型の居住者は含まれていなかった.したがって,都市カンポン型,計画配置型,農村型の3つの類型をもとに,居住環境に対する住民の意識に類型間で違いが見られるかを検証する.

(1) 住民の特性

まず,それぞれの居住環境類型の住民にはどのような特徴があるか,回答者の個人属性を比較してみよう.表3.1には,居住環境類型別に個人属性の平均値を示している.それぞれの個人属性には,類型毎の平均値が統計的に互いに差があるかを分散分析により確認した結果も示している.分散分析の欄に「*」が付いているものは,統計的に有意な差がみられたことを意味する.たとえば,世帯所得は類型間で有意な差があり,計画配置型は他の居住環境に比べて所得の高い人が住む傾向にあることがわかる[10].計画配置型には民間デベロッパーによって開発された戸建住宅地が多数含まれているため,それらの場所が中間層以上を惹きつけているという従来の見解をこの結果は支持している.

他の特徴についても併せて見ていこう.世帯人数は,世帯に含まれる大人の人数には類型間で有意な差がないものの,子供の人数には差がある.とりわけ農村型で子供の人数が多くなる傾向がある.一般的に都市部に比べて農村部では子供の人数が多いが,同一都市内であっても,農村的な居住形態をした地域と都市的な居住形態をした地域とでは同様の差があり,都市と農村の差異がそのまま都市に内包されているといえよう.だが,注意が必要なのは,農家の割合に着目するとそこには有意差がないことである.農村型のように低密で農村的景観を残しているところでも,ジャカルタ首都圏では農業を専業で行う世帯が極めて少ない状況になっていることがわかる.

世帯主の居住年数では,都市カンポンで最も長く,次いで農村型,計画配置型の順となる傾向がある.都市カンポンには,その地域に長年在住している世

表 3.1 居住者の個人属性（n = 817）

変数	都市カンポン (n=358)		計画配置型 (n=130)		農村型 (n=329)		分散分析[a]
	平均	標準偏差	平均	標準偏差	平均	標準偏差	
世帯所得（大人1人当たり）（百万ルピア／月）[b]	0.94	0.54	1.18	0.73	0.84	0.52	***
世帯の大人人数	2.73	1.24	2.56	1.11	2.58	1.01	
世帯の子供人数（18歳未満）	1.12	1.10	1.29	1.20	1.43	1.04	***
世帯のメイド人数	0.03	0.16	0.04	0.23	0.03	0.19	
世帯主の居住年数	19.55	17.90	13.18	13.23	15.73	13.63	***
回答者の年齢	36.68	12.67	35.63	13.70	34.91	11.95	
	各類型内での割合（％）						
1人暮らし世帯（yes=1）	3.63		3.85		2.74		
回答者の性別（女性=1）	51.40		56.92		55.62		
回答者の職業							
主婦（夫）	32.12		32.31		40.12		*
被雇用者[c]	26.54		20.77		22.80		
無認可の自営業者	14.80		16.15		16.72		
肉体労働者	5.87		8.46		4.26		
無職	6.70		4.62		3.34		
学生	4.75		10.00		4.26		*
パートタイム労働者	2.79		3.08		5.78		
認可された自営業者	5.31		2.31		2.43		*
退職者	0.56		2.31		0.00		**
農家	0.56		0.00		0.00		
雇用者	0.00		0.00		0.30		
回答者の教育水準							
学歴なし	1.12		1.54		2.43		***
小学校卒	21.79		24.62		37.69		
中学校卒	24.02		26.15		23.40		
高校卒[c]	45.25		36.15		32.22		***
専門学校卒	3.35		2.31		2.74		
大学卒	4.47		9.23		1.52		***
回答者の信仰宗教							
イスラム教[c]	93.30		97.69		98.78		***
キリスト教	5.87		2.31		1.22		***
仏教	0.56		0.00		0.00		
その他	0.28		0.00		0.00		

[a] ***p＜.01，**p＜.05，*p＜.1
[b] 2011年11-12月ごろ，1ルピア=0.0086円
[c] 3.4.2のモデルでは基準カテゴリとして用いる

帯が他の居住環境よりも多く，いわば地域に根差した住民が多い．都市カンポンのこの特徴は，前節で述べた点と一致する．

他に，職業（主婦（夫），学生，認可された自営業者，退職者の各割合），教育水準（学歴なし，高校卒，大学卒の各割合），信仰宗教（イスラム教徒，キリスト教徒の各割合）に関して，類型間で有意差が見られた．たとえば教育水準からは，学歴なしは農村型で最も値が大きく，対して大学卒は，計画配置型で最も大きく，農村型で最も小さくなる傾向にある．

以上のような，居住者の個人属性から解釈できる各類型の社会経済的な特徴は，既往のジャカルタの居住環境に対する見方とおおむね一致するのではないだろうか．たとえば，所得や居住年数に見られる類型間の違いはジャカルタにおける居住環境の知見（Cybriwsky and Ford, 2001; Firman, 2004; Steinberg, 2007; Zhu, 2010）とおおむね一致する．だが，都市カンポンが必ずしも低所得の人びとの割合の大きい貧困の場でないことは注目に値する．その傾向はむしろ農村型に見られる．都市カンポンは多様な社会階層の人びとが混在する場と捉えるべきであろう．

(2) 居住環境への評価

次に，住民の居住環境に対する意識に居住環境類型間で違いがあるかを検証してみたい．住民の居住環境に対する意識として，居住環境への満足度とコミュニティへの評価をここでは取り上げ，それらを類型間で比較する．

居住環境に対する満足度（residential satisfaction）は，一般的に住宅政策や居住環境の改善を目的とした公共政策の効果を測る評価基準のひとつとして用いられてきたもので，環境心理学，社会学，都市計画，地理学などの分野で数多く研究が行われてきた（Adriaanse, 2007; Amérigo and Aragonés, 1997; Bonaiuto et al., 1999; Lu, 1999）．ただし，インドネシアのような途上国を対象にした満足度の実証分析はあまり行われておらず（Amole, 2009），さらに同一都市内の居住環境をいくつかの類型に分類した上で，それぞれの居住環境に対する満足度を分析した研究も少ない．したがって，今回の分析は居住環境の満足度に関する研究においては比較的新しい試みだといえる．

居住環境への満足度は様々な形で定義されてきた．「住宅」，「近隣住区」，

「住宅と近隣住区」への満足度としての定義や（たとえば，Galster and Hesser, 1981; Li and Song, 2009），「コミュニティや近隣住民」への満足度を含む形でも定義されてきた（たとえば，Addriaanse, 2007; Amérigo and Aragonés, 1990）．

今回のアンケート調査では，居住環境への満足度を以下の2つの質問への回答によって計測した．

(1) いま住んでいる場所の環境にどのくらい満足していますか？
(2) この地域に住み続けたいですか？[11]

これらの質問の際，「住んでいる場所」や「地域」という用語の定義は示していないため，各用語の意味する空間領域は回答者の解釈による．よって，ここでの居住環境に対する満足度には，おおむね住宅，近隣住区，コミュニティや近隣住民など生活に関わる環境全般への満足度が含まれると考えられる．回答法は，質問に対して1（強く不満／不同意）から4（強く満足／同意）までの4段階で同意の程度を評価するリッカート尺度である．のちほど3.4.2で説明する満足度の規定要因分析に用いたモデルでは，上記2つの回答から得られた値の合計（2から8）を居住環境への満足度として扱っている．

次に，コミュニティへの評価について説明する．コミュニティへの評価には，表3.2に示した5つの質問を用いた．回答法は満足度と同じく1（強く不同意）から4（強く同意）までの4段階のリッカート尺度である．なお，後述の3.4.2で用いるモデルでは，これら5つの質問への回答から得られた値の合計（5から20）をコミュニティへの評価として扱っている．

では，居住環境への住民の意識に類型間でどのような特徴があるか，具体的に見ていこう．表3.2がその結果である．

まずは居住環境への満足度から確認する．分散分析の結果を見ると，「この地域に住み続けたいですか？」という質問の回答に有意差があることがわかる．各類型の平均値を比較すると，農村型が最も肯定的に回答する傾向にあることが見て取れる．他方「どのくらい居住環境に満足していますか？」という質問については，有意な差は見られなかった．だが，その平均値もまた農村型で大きい．したがって，全体として見れば，満足度は農村型で高くなる傾向に

表 3.2 居住環境に対する意識 (n=817)

変数	都市カンポン (n=358)		計画配置型 (n=130)		農村型 (n=329)		分散分析[a]
	平均	標準偏差	平均	標準偏差	平均	標準偏差	
居住満足度 (1=強く不満/強く不同意)							
どのくらい居住地に満足していますか？	3.10	0.55	3.07	0.57	3.14	0.43	
この地域に住み続けたいですか？	2.98	0.56	2.88	0.62	3.09	0.51	***
居住地のコミュニティへの評価 (1=強く不同意)[b]							
私の居住地域は友好的な地域である	3.32	0.58	3.20	0.53	3.20	0.47	***
私の居住地域は強い結束と人間関係がある	3.17	0.63	3.12	0.51	3.15	0.41	
私の居住地域に住んでいる人の多くは互いに信頼している	2.96	0.77	2.86	0.67	3.05	0.57	**
私は私が外出する際に，隣人に私の住宅や財産を見ておくよう頼むことに抵抗はない	2.87	0.84	2.85	0.72	2.92	0.58	
もし近所でトラブルがあれば，私は隣人が一緒に行動することを当てにすることができる	3.00	0.74	3.00	0.53	2.99	0.56	

[a] ***p<.01, **p<.05, *p<.1
[b] 質問は「あなたはどのくらい以下の項目に同意しますか？」

あるといえるだろう．ただし，この結果を解釈する上では，農村型の住民がいまの環境に不足を感じていないとは一概にいえず，ここに住む以外の選択肢がなく，住民が現状を肯定せざるを得ない状況にあることも想定される．一方，都市カンポンの住民の評価はどうであろうか．その評価は，高くも低くもなく中程度である．すなわち，都市カンポンという環境に対して，住民がマイナスのイメージを持つ傾向にあるわけではない．

次にコミュニティへの評価を確認する．表3.2を見ると，コミュニティへの評価では，都市カンポンの住民が肯定的な評価をしている面があることがわかる．「私の居住地域は友好的な地域である」という項目がそれにあたる．類型間で有意な差があり，都市カンポンでその評価が高くなる傾向が認められた．つまり，友好的という観点では，都市カンポンの住民は，自らの居住環境に対してよいイメージを抱いている人が多いということである．この結果は，私た

ちが都市カンポンに足を踏み入れたときに感じる親しみやすさとも相通じるものがあり，多様な人びとを受け入れる都市カンポンの寛容さを表しているといえよう．また，「私の居住地域に住んでいる人の多くは互いに信頼している」という項目でも類型間に有意な差が認められた．この場合は農村型で評価が高くなる傾向があった．農村的な景観を有した地域の住民の方が信頼性では好印象を持ちやすいというこの結果は，農村型の地域はすでに農業を主体としておらずとも，お互い顔が知れた関係という村社会的な要素があることを示唆していよう．以上のコミュニティへの評価を総合すると，都市化したカンポンは，農村社会的な要素はやや弱くなるが，都市的な場所として多様な人を受け入れる寛容性は高まるといえるのではないだろうか．

都市カンポンとは，衛生面などから良好な環境でないといわれることもあるが，満足度とコミュニティへの評価を考慮すれば，必ずしも住民は都市カンポンを否定的に捉えているわけでない．都市カンポンは，様々な長所と短所が混在した場所というべきであろう．

3.4.2　都市カンポンでのコミュニケーションの働き

ここまで，都市カンポンとそれ以外の居住環境の間で，住民の属性，居住環境への満足度，コミュニティへの評価にどのような違いがあるかを見てきた．都市カンポンでは満足度は他の居住環境に比べて決して低くはなく，コミュニティへの評価は友好的という点では評価が高かった．行政上はやや否定的に扱われる都市カンポンであるが，住民たちは必ずしもそこを低く評価しているわけではないことがわかった．

では，こうしたジャカルタの人びとの居住環境に対する満足度やコミュニティへの評価を規定している要因は何なのだろうか．本項ではこの点を明らかにする．

満足度やコミュニティへの評価には，「個人属性」，「客観的な居住環境（物理的，社会的側面）」，「居住環境の地理的位置」などが関係するとされる．そこで，先のアンケートの質問のなかからこれら項目に該当する事項を説明変数とし[12]，「居住環境への満足度」と「居住環境のコミュニティへの評価」の2つの心理的な評価を目的変数とした線形回帰モデルの推定を行うことで，満足度

やコミュニティへの評価の規定要因を探った．また，満足度やコミュニティへの評価には，居住環境の違いが影響する可能性がある．そうした類型間の差を明らかにするために，このモデルの説明変数には，上述の変数に加えて，居住環境の3つの類型（都市カンポン，計画配置型，農村型）を示すダミー変数と各変数との交差項も加えている（基準カテゴリは農村型とする）．

このモデルの推定結果が表3.3，表3.4である．表3.3には満足度に対する推定結果，表3.4にはコミュニティへの評価に対する推定結果を示している．

(1) 居住満足度の規定要因

最初に居住環境への満足度の結果（表3.3）を確認する．表は，居住環境への満足度の規定要因となっている変数とその効果を一覧にしたものである．変数の欄に「＊都市カンポン型」などの記載がある場合は，その居住環境類型のみにその効果が表れ，記載がない場合は，すべての居住環境でその効果が表れることを意味する．特徴的な結果として，ここでは以下4点を取り上げる．

1点目は，隣人とのコミュニケーション頻度が高まると，どの居住環境でも満足度が高まることである．物理的な環境条件だけでなく，地域の社会的な関係が満足度にとって重要であることがわかる．

2点目は，借家がマイナスの効果を持っていることである．言い換えれば，持ち家であることが満足度を高める．同様の結果はこれまで様々な国において報告されている（たとえば，Elsinga and Hoekstra, 2005; Lu, 1999）．その理由として，持ち家は借家に比べ，より多くの関与が可能であり，ある種の安全性や個人的な達成感を得られることが挙げられている（Mohit et al., 2010; Teck-Hong, 2012）．したがって，所有権を保障して住民たちのセルフヘルプによる住宅改善を促すというKIPなどのオンサイト型スラム改善事業の方法は，ある程度妥当だといえよう．だが，持ち家になり住民が居住環境への満足度を高めたとしても，その後の環境改善への意欲に必ずしも直結するわけではないため，そこをつなげるスラム改善のしくみづくりが不可欠なのはいうまでもない．

3点目は，居住地への満足度に対して所得の効果が有意でなかったことである．居住環境への満足度は，個人属性（特に所得）とはそれほど強い関係にないことがこれまで報告されてきたが（Hur and Morrow-Jones, 2008; Kearney, 2006;

表3.3 居住満足度に対する推定結果（n=817）

変数	係数推定値		t値
客観的・社会的居住環境			
隣人とのコミュニケーション頻度	0.04	***	(3.8)
客観的・物理的居住環境			
借家	−0.44	***	(−6.3)
総土地面積（対数）	0.12	***	(3.3)
一般的アクセス性*都市カンポン	−0.06	*	(−1.7)
最寄りのバス停までのアクセス時間（対数）	−0.09	***	(−2.6)
最寄りのバス停までのアクセス時間（対数）*都市カンポン	0.09	*	(1.9)
居住地の地理的位置			
ボゴール市	0.53	***	(4.7)
ボゴール市*都市カンポン	−0.93	***	(−5.3)
ボゴール県*計画配置型	0.48	**	(2.0)
タンゲラン市*都市カンポン	−0.93	***	(−3.5)
タンゲラン県	0.37	**	(2.5)
個人属性			
メイドの人数*都市カンポン	−0.66	**	(−2.5)
年齢*都市カンポン	0.01	**	(2.2)
女性*都市カンポン	−0.37	***	(−4.5)
肉体労働者*都市カンポン	−0.34	*	(−1.9)
肉体労働者*計画配置型	−0.63	***	(−2.6)
学生*計画配置型	0.43	**	(2.0)
農家	−1.15	**	(−2.1)
雇用者	1.31	*	(1.7)
学歴なし*都市カンポン	0.73	*	(1.8)
小学校卒	0.21	***	(3.3)
専門学校卒	0.31	*	(1.9)
大学卒*計画配置型	0.62	***	(2.6)
キリスト教	0.50	***	(3.3)
切片	5.63	***	(29.3)
自由度修正済み決定係数	0.20		

***$p<.01$, **$p<.05$, *$p<.1$

Li and Song, 2009; Schwanen and Mokhtarian, 2004）．今回の結果は，先進国のみならず途上国においても所得が居住地への満足度を強く規定しているわけではないことを裏付けるものとなった．個々の住宅の質は個人の所得に依存する傾向が強いものの，居住環境への満足度には，住宅だけではなく公共投資やコミュニティ活動が関係する近隣住区への満足度が含まれていることが，このような結果につながっていると考えられる．

表 3.4 居住地のコミュニティへの評価に対する推定結果 (n=817)

変数	係数推定値		t 値
客観的・社会的居住環境			
コミュニケーション頻度*都市カンポン	0.15	***	(3.4)
コミュニケーション頻度*計画配置型	0.30	***	(5.0)
コミュニティ活動参加頻度*都市カンポン	0.39	***	(3.1)
宗教施設でお祈りをする頻度	0.11	**	(2.5)
客観的・物理的居住環境			
寝室の数（大人1人当たり）	0.53	***	(3.7)
借家	-0.32	*	(-1.7)
最寄りのバス停までのアクセス時間（対数）*都市カンポン	-0.70	***	(-4.5)
居住地の地理的位置			
デポック市*都市カンポン	1.29	***	(3.0)
タンゲラン市*都市カンポン	-1.75	**	(-2.4)
ボゴール県	0.96	***	(3.7)
ブカシ市	-1.60	***	(-4.0)
ブカシ市*都市カンポン	2.38	***	(4.4)
ブカシ県	-0.59	**	(-2.5)
個人属性			
子供の人数	-0.18	**	(-2.5)
メイドの人数	-0.78	*	(-1.9)
女性*計画配置型	-1.21	***	(-3.5)
主婦	-0.50	***	(-2.9)
無認可の自営業者	-0.54	**	(-2.3)
無認可の自営業者*計画配置型	-1.31	**	(-2.4)
肉体労働者*計画配置型	-1.37	**	(-2.0)
認可された自営業者*都市カンポン	0.96	*	(1.8)
退職者	-2.93	**	(-2.3)
退職者*都市カンポン	6.32	***	(3.2)
農家	-2.82	*	(-1.8)
小学校卒	0.78	***	(3.5)
小学校卒*都市カンポン	-0.79	**	(-2.2)
キリスト教	0.76	*	(1.8)
都市カンポンダミー	1.02	**	(2.1)
切片	15.08	***	(58.6)
自由度修正済み決定係数	0.21		

***p<.01，**p<.05，*p<.1

　4点目は，総土地面積の増加に満足度を高める効果があることである．これは当然の結果といえ，高密化する都心を避け，郊外へと住宅地がスプロールしていく理由もこれに関係している．しかし，総土地面積の増加によって満足度

を高めることを追求することは，自然地の減少や車保有の増加など都市全体の運営に支障をきたす可能性がある．総土地面積の拡大による満足度の追求のオルタナティブとして，高密度居住区を受け入れつつ，どうやって満足度を高めることができるか．その課題を解く鍵を見つけることが，途上国のメガシティにおいて重要であり，それは本書が目指すところでもある．

　その意味では，1点目として指摘したコミュニケーションが満足度に与える効果は示唆的である．住民たちの居住環境の評価には，ハード面だけでなく，地域住民との関わりなどソフト面が深く関係していることを示しているからである．ハードとソフトを統合的に捉えることで，従来の発想とは異なるやり方でより豊かな居住環境を創り上げていく道が開けるかもしれない．都市カンポンでコミュニティの評価が高めであったのにも，こうしたソフト面による働きが関係している可能性がある．そこで，次にコミュニティへの評価に対するコミュニケーションの効果を考察する．

(2)　コミュニティへの評価とコミュニケーション

　表3.4は，コミュニティへの評価の規定要因とその効果を一覧にしている．この表のうち，ここでは「客観的・社会的居住環境」の項目に着目する．「客観的・社会的居住環境」とは，居住環境のソフト面での特性を捉えるために設けた項目である．具体的には回答者がどのくらい近隣住民と接する機会があるかを測るための質問事項で，①コミュニケーションの頻度，②コミュニティ活動への参加頻度，③宗教施設でお祈りをする頻度の3つからなる．

　先ほどの満足度の分析では，これら3つの質問事項のうちコミュニケーション頻度に満足度を高める効果があることが確認されたが，その効果は，住民がどの居住環境に属しているかによらず一定であった．

　一方，表3.4からは，コミュニティへの評価に対するコミュニケーション頻度の効果には類型間に違いがあることがわかる．都市カンポンと計画配置型でのみ，コミュニケーション頻度がコミュニティへの評価に影響を与えており，両地区ではコミュニケーションが地域の価値を高める重要な役割を果たしていることが明らかとなった．他2つの質問事項では，コミュニティ活動への参加頻度は都市カンポンだけにコミュニティへの評価を高める効果が確認され，宗

表3.5 近隣住民との関わり方（客観的・社会的居住環境）（n＝817）

変数	都市カンポン (n＝358)		計画配置型 (n＝130)		農村型 (n＝329)		分散分析[a]
	平均	標準偏差	平均	標準偏差	平均	標準偏差	
隣人とのコミュニケーション頻度（1週間当たり）	3.92	2.72	4.01	2.53	4.11	2.42	
コミュニティ活動参加頻度（1週間当たり）	0.50	0.96	0.35	0.61	0.62	1.80	
宗教施設でお祈りをする頻度（1週間当たり）	0.66	1.34	0.76	1.50	0.81	2.04	

[a] ***p＜.01, **p＜.05, *p＜.1

教施設でお祈りをする頻度は，すべての居住環境で評価を高める効果が確認された．

こうしてみると，都市カンポンでは「客観的・社会的居住環境」に含まれる3つの質問事項のいずれもが，コミュニティへの評価に影響を与えていることがわかる．住民同士が接する機会は，いずれの居住環境であっても，住民の満足度やコミュニティへの評価を高める働きはするが，とりわけ都市カンポンではその働きは大きいといえる．都市カンポンの住民たちが自らのコミュニティを比較的高く評価しているのには，そうした住民同士の交流が関係していると考えられる．

では実際に，都市カンポンの住民は，お互いに交流する機会をどのくらい持っているのであろうか．「客観的・社会的居住環境」に関する3つの質問事項への回答を都市カンポン，計画配置型，農村型で比較した結果が表3.5である．この表の分散分析の欄を見ると，興味深いことに，3つの質問事項すべてにおいて居住環境の違いによる有意な差がないことがわかる．つまり，実際の交流機会はいずれの居住環境でも同程度で，都市カンポンでとりわけ多いというわけではなかった．都市カンポンに足を踏み入れると，路上には住民同士が会話を楽しむ光景が溢れているし，私たちにも気さくに挨拶をしてくれる．そのため，都市カンポンの居住者は，他の居住環境の居住者に比べ，より多く近隣の住民とコミュニケーションの機会を持っているというイメージを抱きやすい．しかし，今回の結果からは，都市カンポンでは他の居住環境に比べてコミ

ュニケーションが豊富であったり，コミュニティ活動が活発であったりするとまではいえなかった．

しかし，近隣住民との関わりの頻度が他の居住環境と同程度であったとしても，先ほど述べたようにそれがコミュニティの評価を高める効果は都市カンポンでは大きい．したがって，地域内の交流をうまく生み出すような居住環境づくりが，都市カンポンの価値を高める上で今後大事になっていくであろう．

それでは，都市カンポンでの住民同士のコミュニケーションは，地域内のどういった場所で行われているのであろうか．次節では，住民たちの空間利用に着目しながら，住民たちがどのようにコミュニケーションの場を生み出しているかを分析する．

3.5 温熱環境とコミュニケーション

3.5.1 温熱環境を読む力

都市カンポンを歩いていると，住民によく声をかけられる．彼らは屋外に設置したベンチでくつろいだり，おしゃべりに興じたりしている．椅子を出して1日中外でくつろいでいる老人もいる．正午近くの最も暑い時間帯には，日陰となる場所に住民が涼を求めて集まる風景がよくみられる．このように住民が屋外空間の温熱環境を読み取り，特定の空間に集まることで，快適な生活空間と同時にコミュニケーションの場を獲得している可能性がある．

そこで，このことを検証するために，筆者らは，ジャカルタ中心部の都市カンポンであるカンポンバリを対象として，住宅地内（屋外）にインターバルカメラを設置して，すべての屋外空間をどのように住民が利用しているかを調査した．さらに，住民の空間利用と熱環境との関係を分析するために，住宅地内の建築物や植栽等を 3D-CAD で描き，熱収支シミュレータを用いて熱環境の状態を再現できるようにした．同シミュレータを用いることにより，住民たちが利用している地点周辺の温熱環境の変化を詳細に分析することが可能となる．

対象地区は，公共施設やショッピングモールが立地する大通りから 500 m ほど街区の内側に入ったところに立地しており，およそ 100 m 四方の地区で

ある．2012年9月時点で，全部で61戸の住宅が立地していた．住宅の多くはRC造やブロック造，レンガ造であり，階層は2階建ての住宅が7割を占めている．対象地区の縁には東西南北に直線道路が通り，対象地区内部には1本の小道が通っている．各通りには住民が設置した簡易的な椅子や植木鉢，バイク，自転車など多くの物品が置かれていた．こういった場所やワルンと呼ばれる小商店の周辺では地域住民が夕涼みや買い物のために集まり，住民間のコミュニケーションの場となっている．このように屋外の空間を生活空間として積極的に利用している様子が見られる地区である．

調査では，住民たちの屋外空間の利用状況を正確に把握するために，任意の撮影間隔で自動的に画像を撮影できるインターバルカメラを用いた．地区全域の屋外空間の利用状況を撮影できるようにインターバルカメラを複数設置して5分間隔で定点撮影を行い，取得された画像を1フレーム毎に目視で判読して，住民の屋外空間利用を把握した．

住民の屋外空間利用と温熱環境との関係を分析するにあたって，空間利用に大きな影響を与えることが指摘されている平均放射温度（以下放射温度）に着目した．人間が感じる熱的快適性には，主に環境側の要素として気温，湿度，風速，放射の4要素が影響を及ぼす．このうち気温と湿度については，今回の対象地区は面積が小さいため場所による違いは無視できる．さらに，風速は常に変化するものであるため，屋外空間をある一定時間利用し続けることに対する影響は限定的である．それに対して放射は，限られた地域内でも建物の日陰や樹木の木陰をはじめとする周辺の空間構成により大きく変化する．そのため，ここでは放射温度に着目した．

それでは，住民の屋外空間利用と温熱環境（ここでは放射温度）との関係を分析してみよう．図3.7は，対象地区の放射温度のヒストグラムと住民の利用場所との関係を示したものである．放射温度のヒストグラムとは，調査地内の放射温度の分布から，その放射温度に達している地点が，各時間帯にそれぞれ何カ所（ピクセル数）あるかを算出して，棒グラフにしたものである．

住民の屋外空間利用の形態には，立位利用（立ったままの状態，滞留）と座位利用（座って利用している状態）がある．今回の分析では，より積極的な利用意思が反映されていると考えられる座位利用に着目した．さらに座位利用につい

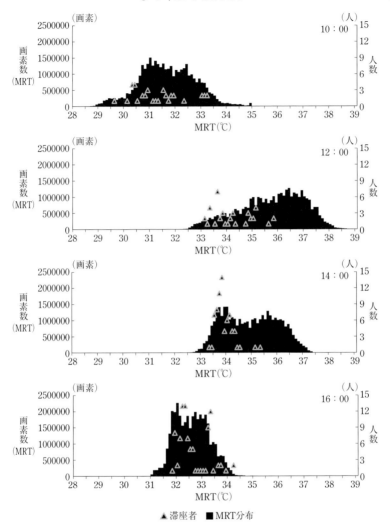

図 3.7 放射温度(平均放射温度：MRT)の分布と屋外空間滞留行動
出典：村上ほか(2014)を改変

ても，5分以上滞留していた利用だけを取り上げた．すなわち，5分間隔で撮影されるインターバルカメラに2フレーム以上映っていた場合だけを取り上げた．そして，熱収支シミュレータを用いて算出した放射温度の分布図から，利

用されていた場所の放射温度を記録し，各放射温度に何人の利用者がいたかを図3.7に点で記した．

では，結果を確認していこう．まず，10:00を見ると，放射温度は29.0〜35.0℃に多く分布し，ピークは31.0℃付近に出ている．これに対して，利用される屋外空間の放射温度は29.5〜33.5℃に分布している．そこに利用人数の顕著な違いはみられず，一様に利用されているといえる．12:00に目を移すと，調査地全体の放射温度は32.5〜38.0℃に分布し，ピークは36.5℃付近に出ている．利用空間の放射温度は33.0〜36.0℃に分布しており，ピークは33.5℃付近に出ている．これは全体の放射温度分布に比して低い領域に分布しており，ピークの放射温度も低くなっているといえる．

14:00では，地区全体の放射温度は33.0〜37.0℃に分布し，ピークは34.0℃付近と36.0℃付近に2つ出ている．住民が利用した空間の放射温度は33.0〜35.5℃に分布しており，ピークは34.0℃付近に出ている．これは12:00と同様に，全体の放射温度分布に比べて低い領域に分布しており，ピークの放射温度も低くなっているといえる．最後に16:00を確認すると，地区全体の放射温度は31.0〜34.0℃に分布し，ピークは32.0〜33.0℃付近に出ている．これに対して，住民が利用する屋外空間の放射温度は，地区全体の放射温度分布域と同範囲に分布しており，かつピークの位置も違いがない．

以上を整理すると，10:00, 16:00においては，地区全体の放射温度の分布と住民が利用している空間の放射温度の分布には大きな差はなかった．つまり，住民はあえて放射温度の低い場所を選んで生活に利用しているわけではなかった．この理由として，10:00, 16:00においては屋外空間全般の熱的快適性がそれほど劣悪ではないため，位置選択において放射環境が強い影響を持たなかったことが考えられる．反対に12:00, 14:00においては，地区全体の放射温度の分布と住民の利用する空間の放射温度の分布には差が見られた．5分以上の連続利用がなされた空間は，地区全体のなかで放射温度が低いところに偏っていた．この時間帯は，10:00や16:00の時間帯と比べて屋外空間全般の熱的快適性が悪化する．そのため，放射環境の良好な場所（放射温度が特に低くなる領域）が優先的に利用されたと考えられる．都市カンポンの住民たちは屋外空間をただ漫然と利用しているのではなく，温熱環境が悪化する時間

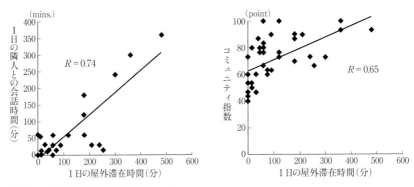

図 3.8 屋外空間利用と住民間のコミュニケーション

帯に，地域内のより涼しい場所を読み取りながら快適に生活を送っているのである．

3.5.2 コミュニケーションを育む屋外空間

　先ほどの調査では都市カンポンの暮らしにおける屋外空間利用の意義を検討するため，対象地区において住民へのアンケート調査も行った．屋外空間が住民間のコミュニケーションに実際に重要な役割を果たしているかどうか，屋外空間利用が隣人とのつながりとどのような関係を持つかを調査した．
　アンケートの内容は，住民の属性に関する項目（家族構成，性別，年齢，職業，家電所有，居住年など），住民間のコミュニケーションに関する情報（屋外空間の利用時間，隣人との会話時間，会話する場所など），コミュニティの結束力に関する情報（後述するコミュニティ指数）等である．対象地内の居住不可もしくは居住者のいない建物を除いた61軒のうち45軒，46名の住民からアンケートの回答が得られた．
　家電製品の所有については，テレビの所有率は100％であったが，エアコンの所有率は26％であった．エアコンを所有している家庭が利用する時間帯については，ほぼ1日利用する（18時間以上）という家庭が33％，夜間から早朝にかけて利用する家庭が50％，早朝から日中に利用するという家庭が17％であった．つまり日中はほとんどの家庭がエアコンの利用なしで生活している地区であることがわかる．

では，屋外空間の利用と住民同士のコミュニケーションにはどのような関係があるのか．住民同士のコミュニケーションがどのくらい行われているかの指標として隣人との会話時間に着目し，屋外空間の利用時間との関係を分析した（図3.8左図）．すると，両者の間には正の相関が認められ，屋外空間の利用時間が長いほど会話時間が長くなることがわかった．これらの因果関係の方向性を統計的に示すことはできないが，屋外空間利用が住民のコミュニケーションにつながることは日本（金／高橋，1995）や中国（陳ほか，2008）における研究でも報告されており，対象地区においても住民間の会話の機会につながるものと考えられる．

　また屋外空間を利用する理由としては，「友人・隣人に会うため」という回答（41%）が最も多く，次に「屋内が暑いため」という回答（24%）が多かった．これらから，屋外空間が隣人や友人と会いコミュニケーションを行う空間として認識されているといえる．また屋内空間の熱的快適性が悪化した場合に，屋外空間に出るという傾向があることが示唆されたことから，屋外空間は隣人とのコミュニケーションの場として，また住民自身の感覚として室内が暑くなって過ごしにくくなった際に涼を取る場所として利用されていることが示された．

　さらに，ここではコミュニティに対する結束力を表すものとしてコミュニティ指数を導入し，屋外空間利用がコミュニティの結束力にも影響を与えているかどうかを分析した．ここで扱うコミュニティ指数とは，劉／千賀（2004）の研究で用いられた6指標のうち，1．隣人との日常的な交流，2．行事や共同作業への参加状況，3．コミュニティに対する愛着，4．コミュニティ改善への意欲の4つについて5段階で自己評価し，それらの平均を100点満点に換算したものである．屋外空間の利用時間との関係をみると，会話時間のときと同様に正の相関が認められた（図3.8右図）．つまり，屋外空間の利用時間が長い住民ほどコミュニティに対する結束力が高いという結果が得られた．

　一般に，住民のコミュニティに対する帰属意識は，出生地や居住年数に大きな影響を受けると考えられる．つまりその場所で生まれ育った住民は，もともと高い帰属意識を持っていると思われる．反対に，外から転入してきた住民は，生活していくなかで帰属意識が醸成されていくと考えられる．そこで，住

民をカンポンバリ出生者と外部からの転入者の2つのグループに分け，それぞれについて屋外空間の利用時間とコミュニティ指数との関係を分析した．すると，両者の正の相関関係は，外部からの転入者（R＝0.74）の方がカンポンバリ出生者（R＝0.42）よりも強いことがわかった．このことは，出生者よりも転入者に対して，屋外空間利用時間が，コミュニティに対する結束力の規定要因として大きく影響しており，新規住民がコミュニティへの帰属意識を醸成しながら結束力を高めていく過程において屋外空間が果たしている重要な役割を示唆するものである．

以上より，屋外空間は都市カンポンの住民たちの生活の快適性を高めると同時に，コミュニケーションの場あるいは住民たちの結束を強める場としても機能していることがわかる．さらに，これに3.4の内容を合わせると，ひいてはそれがコミュニティへの評価を高めることにも貢献しているといえよう．そして何よりも見過ごしてはならないことは，屋外空間をそのような効果を持つ場へと変えているのは，環境を適切に読み解く住民の知恵ということだ．

独立から現在にいたるジャカルタの都市化は，都心の景観を大きく変えた．高層オフィスビルが林立し，インフラや住宅地が整備され，その隙間には数多くの高密度な都市カンポンが生まれた．温熱環境から見れば，この変化は都市カンポンに環境悪化をもたらしたと考えられる．都心のヒートアイランド化が進み，そのなかの都市カンポンでは，緑地が減り建物が建て詰まっていくことで，温熱環境は徐々に悪化してきたはずである．

こうした環境の変化に対しても，都市カンポンの住民たちは，屋外空間の環境を読み解く知恵によって，できるだけ生活の質を維持し，さらには地域内のコミュニティのつながりを維持してきたといえるのではないだろうか．住民たちの環境を読み解き，生活へと活用する能力をランドスケープ・リテラシーと呼ぶが，このランドスケープ・リテラシーこそが，都市カンポンに対する住民のそれなりに高い評価につながり，それが都市カンポンの持続力にもなっていると考えられる．

一方，調査から明らかになったように，必ずしも屋外空間を利用しない住民や，エアコンを持っているあるいは持ちたいと考える住民も存在する．住民の価値観やライフスタイルは様々であり，そういった人びとを否定することはで

きない．しかし，それらの住民のなかには，自分たちのランドスケープ・リテラシーに気づいておらず，それを積極的に評価していない人びとが含まれている可能性もある．調査結果などの具体的なデータを事実として示すことが，無意識に活用している能力を住民たちが再発見し，共有していくことにつながると考えられる．それと同時に，住民たちのランドスケープ・リテラシーを頼りに，都市カンポンの環境・経済・社会に対する統合的な改善をもたらすような屋外空間をどう創り出していくかが，これからの都市カンポンの改善にとって鍵になるだろう．

3.6 百年カンポンの蓄積と知恵

　最後に本章の内容を改めて振り返っておこう．本章の前半では，ジャカルタの都心に広がる高密度な都市カンポンが，戦後どのような経緯で形成されたのかを見てきた．都市カンポンは，50 年代から 80 年代にかけて，ジャカルタに流入する人びとによって高密化した．従来，都市カンポンのような場所は，公有地や未利用地を不法占拠して形成されると認識されがちであった．しかし，ジャカルタの都市カンポンの大半は，そうではなかった．現在の居住環境の分布と 1930 年代の植民地期の地図を重ねて比較したところ，いまの都市カンポンの約 6 割が，植民地期に何らかの現地人コミュニティがあった場所に立地していた．戦後ジャカルタに流入した大量の人口が都市カンポンを生んだとすると，人口吸収に大きな役割を果たしたのは，田畑などの居住地でなかった場所よりも，むしろ植民地期から続く現地人居住地であったといえる．

　植民地期の現地人居住地が都市カンポンに変容していく過程というのは，物的環境を大幅に改変するのではなく，それ以前の都市組織を引き継ぎながら徐々に建物の密度を高め連続的に居住環境を更新する過程だったと想定される．植民地期から戦後の激しい都市化を経て現在に至る 100 年近くを，こうした都市カンポンは物的環境の連続性を保ちながらくぐり抜けてきたのである．本章ではそれを百年カンポンと呼んだ．ジャカルタには歴史的価値を持った都市カンポンが多数存在するのである．本章が取り上げたカンポンバリや，次章で取り上げるチキニもまたそうした百年カンポンである．

さらに，植民地期から続く都市カンポンが蓄積してきたものは，なにも物的環境だけではなかった．住民たちの蓄積もまたそうであった．たとえばチキニでは，人口流入が激しかった20世紀後半とは異なり，そこに腰を落ち着かせ，何十年と定着してきた世帯が，新参の移住者を上回る状況が生まれていた．3.4のアンケートからも，都市カンポンは他の居住環境に比べて居住年数の長い世帯が多いという傾向があった．地域に根差した人びとが都市カンポンを支えるようになっているのである．

しかし，物的にも人的にも歴史的厚みのある都市カンポンが，ジャカルタに数多く存在しているからといって，政府は必ずしも都市カンポンを肯定的に捉えてはいなかった．たしかにKIPのようなオンサイト型の改善事業に政府は取り組み，その成功が都市カンポンの持続力を高めはしたものの，クリアランス型の再開発や低所得者向け住宅の適切な供給により，劣悪な環境の都市カンポンを減らしていきたいという考えを政府は持ち続けてきた．だが，結局のところ十分な量の住宅供給を果たせないまま，都市カンポンは残った．

このように政府からは環境改善の対象と見られる都市カンポンであるが，住民はその環境を必ずしも否定的に捉えてはいなかった．特にコミュニティへの評価という点では住民は肯定的な評価をしている面もあった．では，都市カンポンの住民にとって何がコミュニティへの評価に重要な役割を果たしているのか．この問いについてアンケートから分析したところ，その1つに，近隣におけるコミュニケーションといった住民同士の交流があることが明らかとなった．

3.5では，そうした都市カンポンにおける住民同士の交流にとって，屋外空間が大切な働きをしていることを示した．住民たちは屋外空間の温熱環境を自然に読み取り，日中できるだけ快適な生活を送るために巧みに利用場所を変えていた．その行為が，結果的に住民同士の交流機会を増やし，コミュニティへの評価を高めることにも貢献していることが示唆された．言い換えれば，環境を読み取り生活に生かす知恵が，都市カンポンの持続力を支えてきたのである．

以上のようにして，現代のジャカルタに歴史的蓄積のある都市カンポンが豊富に生み出されたが，その価値が注目され，今後も都市カンポンが継続してい

くとは限らない．都市カンポンの撤去と高層住宅への住み替えが，近年政府によって行われていることは3.3.4で触れた通りである．

ただ，この状況に対して，歴史的蓄積のある都市カンポンをむしろ積極的に生かすことが，環境・経済・社会の問題を統合的に解決する道につながるのではないだろうか．

ジャカルタの居住環境整備事業においては，1980年代まで成果を上げてきた従来型のKIPから，その発展型である包括的カンポン改善事業（C-KIP）が継続されている．ここでは，新たな課題として住宅改善とコミュニティディベロップメントが掲げられており（山本，2003），地域のコミュニティ力の強化につながるような空間整備が求められている．

今回の調査結果から，屋外空間が，エアコンでは手に入れることのできない質の異なる快適さに加え，コミュニティの交流をもたらしていることがわかった．つまり，アメニティの向上とコミュニティ形成の相乗効果が生じていた．住民たちが，それを自覚的に認識するようになることで，住民たちの創意工夫で，快適性とコミュニティ形成の両面に効果のある屋外空間がさらに生まれることが考えられる．そうなれば，地域のコミュニティ力の維持・強化とソーシャルキャピタルの向上に資するとともに，今後経済が発展し，より高い生活水準を求めるようになるジャカルタ中心部にあって，環境負荷の小さなライフスタイルを維持した場所として都市カンポンは持続していけるのではないだろうか．

ただし，この実現には都市カンポンへの介入が必要だろう．たとえば，カンポンバリが立地する都心部では今後さらにヒートアイランド問題が進む可能性は高い．また，地球温暖化に関しては，温室効果ガスの排出がいまのペースで続くと，ジャカルタでは2029年以降，過去に経験したことのない高温時代に突入するという予測結果も報告されている（Huntingford et al., 2013）．屋外空間の熱環境はますます劣悪化し，住民たちが自然発生的に創り上げてきた屋外空間では，もはや熱的に快適な空間を十分に得ることができなくなるかもしれない．現時点でエアコン普及率が低いところでも，快適性を維持するにはエアコンに依存するしかなく，その導入が進むことも予想される．この変化は，電力不足が深刻な問題となっているジャカルタにおいて，さらにエネルギー消費が

増大し，地球温暖化問題に対して負の影響を与えることになる．だからこそ，都市カンポンの住民たちが屋外空間をなお生活空間の一部に取り込めるよう，緑化や空間的工夫によって，午前中や夕方に放射環境が良好になる空間を適切にデザインしていくこともまた必要なのである．連綿と蓄積されてきた物的環境を引き継ぎながらも，住民たちが蓄えてきた知恵を継続的に発揮できるように，物的環境に介入していかなければならない．

都市カンポンは，比較的貧困な層の居住地として理解されてきた．そのため，都市カンポンを論じる切り口としては，これまで貧困研究が多くを占めていた．それと同時に，国際連合や世界銀行などの国際機関にも都市カンポンはスラムとして定義され，再開発の対象として論じられてきた．住民と政府との対立をともなうクリアランスなど，様々な問題によって苦しむ都市カンポン住民の現状がそうした研究から明らかにされてきた．

一方，Sullivan (1986) は，都市カンポン研究が職業や居住の不安定性や周縁性といったネガティブな側面ばかりを強調していることを批判し，Guinness (2009) は都市カンポンにおける調和や秩序などポジティブな面を議論している．本章で示したジャカルタに数多く残る歴史的な都市カンポンは，物的環境を徐々に変化させてきたため，大規模に環境改変が行われたわけではない．結果として居住環境の悪化を招いている面もあるが，環境悪化をしのぎ，生活を持続させてきた人びとの知恵などのポジティブな面が，たしかに都市カンポンにはあった．そうした都市カンポンに蓄えられた住民の知恵を掘り起こし，そこから環境・経済・社会の質を統合的に高めるような新たなアイデアを探っていく．その試行錯誤によって，次の100年に向けた歴史的な高密度カンポンの活かし方，ひいては持続可能なメガシティの姿が見えてくるのではないだろうか．（林憲吾／安部遼祐／原科幸爾／村上暁信／三村豊／山下嗣太）

注
(1) 以下，インドネシア各地を出自とする土着の民族を現地人と表記する．
(2) 分類手法は叢書第5巻第3章に詳しい．
(3) 自然発生的な集住地（カンポン）であっても，水田のあぜ道を基準に建物が建った場所であれば，幾何学的な形状の街区になる場合がある．しかし，そのような

場所は今回の分類では「計画配置型」に含まれている.
(4)　分類に際して用いた衛星写真は Google が提供するものを用い，撮影時期は地域によって多少変動があるが 2010 年前後である．また，分類結果は林 (2013) を更新したものを使用.
(5)　分類の空間単位である 250 m 四方での詳細な人口データは取得不可能である．そのため Land Scan の 1 km メッシュの人口密度データを 250 m メッシュに均等に分割して人口比を推計した.
(6)　元はオランダ王立熱帯研究所 Koninklijk Instituut voor de Tropen（略称 KIT，英訳 Royal Tropical institute）が所蔵し，デジタルアーカイブを通じてウェブより閲覧可能であった．しかし，2013 年の利用停止以降，ライデン大学に所蔵が移った.
(7)　JAVA 1：50,000 図には市街地という区分はないが，石造建物や整備された道路などが赤色に着色されている．それらは植民地政府が開発した地区であり，ヨーロッパ人たちが多く住んだ地区でもあるため，ここではそこを市街地として定義した.
(8)　本調査のデータを用いた詳細な分析は叢書 5 巻第 4 章で行っている.
(9)　回答者は以下の手順で選ばれた．まず，ジャカルタ都市圏から，人口分布を考慮した上で，90 の対象地域（250 m 四方のグリッドで定義された範囲）が抽出された．次に，抽出された各対象地域から Rukun Tetangga（RT：隣組）が無作為に抽出された．RT は 30 から 100 の世帯からなる自治体の単位である．そして，抽出された各 RT からアンケート調査対象となる 10 世帯が無作為に抽出された．最後に，抽出された各世帯から調査対象となる個人（1 世帯 1 人）が，Kish グリッドによって抽出された．ここで，調査対象者となるのは 15 歳以上の個人のみである．また，各回答者の居住地をジオコーディングすることにより，居住地の地理情報も別に得られた．2010 年時点で，母集団となるジャカルタ都市圏の人口は約 2,800 万人であり，面積は約 6,400 km^2 である.
(10)　ここでは，傾向を確認することが目的であり，わかりやすさのため，どの変数に対しても一律に分散分析を適用している．また，分散分析では，各変数の平均値が類型間で違うということしか言えず，全体の中のどこに差があるかは示せない．変数の類型間での大小関係について述べるとき，便宜的に各類型の変数の平均値を見て判断している.
(11)　インドネシア語は，それぞれ次のとおり．(1) Seberapa puaskah anda dengan lingkungan tempat tinggal anda?　(2) Apakah anda akan tetap tinggal di daerah ini?
(12)　目的変数ならびに「個人属性」に関する詳細は 3.4.1 を参照．「客観的・物理

的居住環境」には，住宅レベルにおいて，総床面積（大人1人当たり）（m^2），寝室の数（大人1人あたり），築年数，住宅様式（戸建て＝1，長屋＝0），住宅の所有状況（借家＝1，持家＝0）が含まれる．近隣住区レベルにおいて，総土地面積（m^2），人口密度（千人／km^2）（居住地を中心とした750 m四方で定義），一般的アクセス性（最寄りの病院，宗教施設，教育施設，商業地，郵便局，文化施設までの距離（km）をまとめた主成分．大きいほどアクセス性が高いと定義），最寄りのバス停までのアクセス時間（分）が含まれる．「居住地の地理的位置」として，DKIジャカルタ（基準カテゴリ），デポック市，タンゲラン市，タンゲラン県（南タンゲラン市を含む），ボゴール市，ボゴール県，ブカシ市，ブカシ県を表すダミー変数を用いる．「客観的・社会的居住環境」は表3.5を参照．

参考文献

加納啓良（2004）．現代インドネシア経済史論：輸出経済と農業問題，東京大学出版会

金栄爽／高橋鷹志（1995）．密集住宅地の「住戸群」における路地と隙間の役割に関する研究，日本建築学会計画系論文集，469，87-96．

倉沢愛子（2006）．ジャカルタの路地裏世界，アジア遊学90：ジャカルタのいまを読む，勉誠出版，31-41．

澤滋久（1994）．ジャカルタの居住環境改善事業における住民参加：カンポン改良計画をめぐって，経済地理学年報，40（3），165-182．

澤滋久（1999）．カンポンの変化，宮本謙介／小長谷一之（編）アジアの大都市2 ジャカルタ，日本評論社，231-252．

スヨノ（1986）．ジャカルタの計画と管理：都心地域の開発と保全，アジア大都市の居住環境：アジア大都市人間環境国際会議論文集，国際連合地域開発センター，108-133．

陳聡／金俊豪／三橋伸夫（2008）．騎楼街区における屋外空間の利用実態とコミュニティの形成について：中国広州市の騎楼街区における居住環境に関する研究 その3，日本建築学会計画系論文集，73（629），1425-1432．

林憲吾（2013）．アジア熱帯メガシティの居住環境特性：ジャカルタ大都市圏を対象として，地域開発，581，27-32．

布野修司（1991）．カンポンの世界：ジャワの庶民住居誌，PARCO出版．

村上暁信／栗原伸治／原科幸爾（2014）．インドネシア・ジャカルタの都市内カンポンにおける放射環境と住民の屋外空間利用に関する研究，都市計画論文集，49（1），65-70．

三村豊／松田浩子（2014）．ジャカルタ都市圏の地図史1853-2010：空白の30年を埋

める「外邦図」の可能性,外邦図研究ニューズレター,11,外邦図研究グループ,43-55.

山本郁郎(1999).人口動態と就業構造の変動,宮本謙介／小長谷一之(編)アジアの大都市2 ジャカルタ,日本評論社,231-252.

山本直彦／布野修司(2002).蘭領東インドにおけるカンポン改善事業とマドゥラ人カンポンの発展過程に関する考察:スラバヤのカンポン・シドダディを事例として,日本建築学会計画系論文集,556,265-272.

山本直彦(2003).コンプレヘンシブ・カンポン・インプルーブメント・プログラム:コミュニティ・ディベロップメントへシフトするインドネシアの居住環境整備事業,建築雑誌,118,54-55.

劉鶴烈／千賀裕太郎(2004).山間地域における住民活力の評価に関する考察,農村計画学会誌,23,193-198.

Adriaanse, C. C. M. (2007). Measuring Residential Satisfaction: A Residential Environmental Satisfaction Scale (RESS), *Journal of Housing and the Built Environment*, 22 (3), 287-304.

Amérigo, M. and Aragonés, J. (1990). Residential Satisfaction in Council Housing, *Journal of Environmental Psychology*, 10 (4), 313-325.

Amérigo, M. and Aragonés, J. (1997). A Theoretical and Methodological Approach to the Study of Residential Satisfaction, *Journal of Environmental Psychology*, 17 (1), 47-57.

Amole, D. (2009). Residential satisfaction in student's housing, *Journal of Environmental Psychology*, 29 (1), 76-85.

Bonaiuto M., Aiello A. and Perugini, M. (1999). Multidimensional Perception of Residential Environment Quality and Neighbourhood Attachment in the Urban Environment, *Journal of Environmental Psychology*, 19 (4), 331-352.

Colombijn, F. (2010). *Under Construction: The Politics of Urban Space and Housing During The Decolonization of Indonesia 1930-1960*. KITLV Press.

Cybriwsky, R. and Ford, L. (2001). City Profile: Jakarta, *Cities*, 18 (3), 199-210.

Ditjen Cipta. Karya. (1982). *Program Perbaikan kampong: Kampung Improvement Programme*. Direktorat Jenderal Cipta Karya Departemen Pekerjaan Umum.

Elsinga, M. and Hoekstra, J. (2005). Homeownership and Housing Satisfaction, *Journal of Housing and the Built Environment*, 20 (4), 401-424.

Encyclopaedia van Nederlandsch-Indië (1917). *Encyclopaedia van Nederlandsch-Indië*. Martinus Nijhoff.

Firman, T. (2004) New Town Development in Jakarta Metropolitan Region: A Per-

spective of Spatial Segregation, *Habitat International*, 28 (3), 349-368.
Galster, G. and Hesser, G. (1981). Residential Satisfaction Compositional and Contextual Correlates, *Environment and Behavior*, 13 (6), 735-758.
Guinness, P. (2009). *Kampung, Islam and State in Urban Java*. NUS press.
Heeren, H. J. (ed.), (1955). *The Urbanisation of Djakarta*. Institute for economic and social research Djakarta school of economics University of Indonesia. (Reprint from Ekonomi dan Keuangan Indonesia Volume VIII, No. 11, November 1955).
Krausse, G. H. (1982). Themes in Poverty: Economics, Education, Amenities, and Social Functions in Jakarta's Kampungs, *Southeast Asian Journal of Social Science*, 10 (2), 49-70.
Hur, M. and Morrow-Jones, H. (2008). Factors That Influence Residents' Satisfaction with Neighborhoods, *Environment and Behavior*, 40 (5), 619-635.
Kearney A. R. (2006). Residential Development Patterns and Neighborhood Satisfaction: Impacts of Density and Nearby Nature, *Environment and Behavior*, 38 (1), 112-139.
Kompas (21-08-2015) *Kompas: Warga Kampung Pulo yang Pindah ke Rusunawa Jatinegara Barat Terus Bertambah.* http://megapolitan.kompas.com/read/2015/08/21/17464421/Warga.Kampung.Pulo.yang.Pindah.ke.Rusunawa.Jatinegara.Barat.Terus.Bertambah.?utm_campaign=related&utm_medium=bp-kompas&utm_source=news& 〈2015年9月23日最終アクセス〉
Huntingford, C., Mercado, L., and Post, E. (2013) Earth science: The timing of climate change, *Nature*, 502, 174-175.
Kusno, A. (2013). *After The New Order: Space, Politics, and Jakarta*. University of Hawaii Press.
Li S. and Song Y. (2009). Redevelopment, Displacement, Housing Conditions, and Residential Satisfaction: A Study of Shanghai, *Environment and Planning A*, 41 (5), 1090-1108.
Lu M. (1999). Determinants of Residential Satisfaction: Ordered Logit vs. Regression Models, *Growth and Change*, 30, 264-287.
Mohit, M. A., Ibrahim, M. and Rashid, Y. R. (2010). Assessment of Residential Satisfaction in Newly Designed Public Low-Cost Housing in Kuala Lumpur, Malaysia, *Habitat International*, 34 (1), 18-27.
Reerink, G. (2014). From Autonomous Village to 'Informal Slum': Kampong Development and State Control in Bandung (1930-1960). In F. Colombijn, and J. Coté, (eds.), *Cars, Conduits, and Kampongs: The Modernization of the Indonesian City,*

1920-1960, KITLV, 193-212.

Schwanen, T. and Mokhtarian, P. L. (2004). The Extent and Determinants of Dissonance between Actual and Preferred Residential Neighborhood Type, *Environment and Planning B: Planning and Design*, 31 (5), 759-784.

Steinberg, F. (2007). Jakarta: Environmental Problems and Sustainability, *Habitat International*, 31 (3), 354-365.

Sullivan J. (1986). Kampung and State: The Role of Fovernment in The Development of Urban Community in Yogyakarta. *Indonesia*, 41, 63-88.

Teck-Hong, T. (2012). Housing Satisfaction in Medium-and High-Cost Housing: The Case of Greater Kuala Lumpur, Malaysia, *Habitat International*, 36 (1), 108-116.

Zhu, J. (2010). *Symmetric Development of Informal Settlements and Gated Communities: Capacity of The State: The Case of Jakarta, Indonesia, Asia Research Institute, Working Paper Series*, 135, National University of Singapore.

4 | チキニにおけるミクロ実践

4.1　はじめに

　私たちはまず，ジャカルタをやみくもに見て回ることから着手した．2010年のことである．しかし，変化の激しいメガシティはその全容を把握しようにもどうしようもなく巨大であり，何か計画的な手法によってこの都市に接続することはほとんど不可能であることを実感して途方に暮れた．そんな中，共同研究者であるインドネシア大学のキャンパスが南ジャカルタ郊外のデポックにあったことは幸運な偶然であった．ジャカルタ南北を縦断する鉄道を何度も往復しながら変わりゆく風景を車窓から眺めているうちに，ジャカルタの中心部から農村的な郊外にいたるまで，果てしなくバラックのような住居が続いていく様子がわかった．自然発生的な集住地のカンポンである．だが，同じカンポンでもその組成の集合の仕方によって明らかに異なる空間の質やライフスタイルが生まれているように感じられた．ジャカルタ中心部では高密度化し環境の悪化したカンポンが広がっており，周辺部にいくと，十分なインフラのない劣悪な環境のカンポンが民間によるスポット的郊外開発に寄生している．都市ジャカルタは，人間が計画した都市というよりは，内在する何らかの論理によって刻々と変化し続ける巨大な生き物のようであった．

　中心部の高密度化したカンポンでは，農村部から都心に流入した人口が過密な空間を形成し，劣悪な環境の生活を営んでいる．衛生問題だけでなく，災害リスクや失職リスクなど，現代スラム特有の問題が山積しており，これらはメガシティ共通の課題である．一方で，3章で「百年カンポン」と呼んだように，高密度な都市カンポンには，長い時間をかけて醸成されてきた物的環境

と，それを支えるコミュニティにやわらかく包まれたある種の豊かな生活があるし，地球環境負荷の低いライフスタイルは，逆に地球環境問題を直接的に解決するポテンシャルを秘めていると見ることができるのではないか——「貧困と気候変動の二兎を追わずしては一兎すら得られない．貧困と気候変動双方と同時に取り組む統合的政策の妙案があるとするなら現代スラムにしかない」．第1章で先述したことを，私たちはメガシティ・ジャカルタを動き回るうちに実感していった．

　私たちは，チキニという中心部にあるスラム化した都市カンポンをフィールドにすることにした．ところで，混沌の現代スラムを相手に，研究プロジェクトとして，どうアプローチすれば貧困と気候変動双方に同時に効く道を探ることができるのだろうか．スラムを知るためにまず状況調査しようとしても，私たちの持っている都市計画的枠組みはスラムの論理とは合わず，肝心なことが網の目から落ちてしまうと直感した．むしろ，とりあえず「何か実践してみる」のはどうだろうか．後述するようにエリアを特定したミクロ介入がオルタナティブアーバニズムとして注目されていることにヒントを得て，いきなり実践的なミクロ介入から着手するのだ．研究プロセスは実践提案と課題の発見，修正の往復であり，前もって定めたタスクを処理していくタイプのプロジェクトとはまるで異なる．逆に言えば，小さなアクションを実際の現場で目に見える形で起こすことにより新たな知見や課題を発見することこそが実践のねらいのひとつである．あるべき姿を目標像として示す計画的手法とは異なり，実践と調査研究を並行して進めるインクリメンタル（漸進的）な手法のプロジェクトである．そのうち本章は主に，過去5年間ほどで行ってきた実践内容を記録したものであり，逆に次章では実践から必然的に派生して調査し得られたことを述べている．

　以下，まず4.2では，現代スラムというエリアを特定したミクロ介入とはどのようなことか，スラムでの小さな実践がアーバニズムと接続するとしたらどういうことなのか，途上国都市の実態に即して整理する．そして4.3，4.4で，具体的に私たちが実践してきたことを詳述しながら，高密度化するメガシティの現実と可能性を描いていこう．

4.2 ミクロ介入はアーバニズムに接続するか

4.2.1 オルタナティブアーバニズムをめぐって

(1) ラディカルアーバニズム

　近年，ラディカルアーバニズムと呼ばれる動きが，都市を動かす手法のひとつとして注目されている．例えば，Urban-Think Tank（U-TT）のA・ブリレンバーグは「ラディカルアーバニズム」というタイトルの講演で，カラカスのスラムで実践したプロジェクトによる変化がローカルの偶発的な運動を通じて起きていく様子を語っている[1]．あるいは，D・ハーヴェイやP・マルクーゼの参加した会議では，ラディカルアーバニズムが，市民の都市への権利とともに語られている[2]．また，M・フレデリックはより狭義に，ゾーニング規制を緩和することで住宅地におけるスモールビジネスの可能性を実現していくことがラディカルアーバニズムであると定義している[3]．

　〈ラディカル＝根（root）〉という語源どおり，「根本的な」「根底からの」といった意味がそこには含まれており，転じて「急進的な」活動という意味や「草の根からの」活動まで，幅広い都市改善活動を指すようである．いずれも，現行の制度や計画に対するオルタナティブとしての都市改善活動であり，特に近代化・成熟化する前の段階の都市への実験的実践が注目を集めている．

　2014年には，J・マックギルクの『ラディカルシティ：ラテンアメリカに新しい建築を求めて』[4]が出版された．著者はブラジルからベネズエラ，メキシコ，コロンビアとラテンアメリカの都市を横断しながら，主にインフォーマル集住地における大胆なミクロ介入的実験が地区の問題解決にいたった様子を鮮やかに描き出している．事例のひとつとして取り上げられているT・ダヴィッドが2012年のベネチアビエンナーレで金獅子賞を受賞したのも記憶に新しい．建設が中断した超高層オフィスビルが占拠され，インフォーマルな垂直コミュニティとなり様々なアクティビティを獲得していく様子は，建築とは何かということを鮮烈に私たちに訴えかけた．

　ところで，本のタイトルが「ラディカルアーバニズム」ではなく「ラディカルシティ」であることは，著者の率直な印象を表しているようにも思われる．

つまり,「ラディカル」な実践が多発していることは認めるが, これらが「アーバニズム」と呼べるかどうかは態度を留保しているように感じられるのだ. では, こういったミクロ介入実践が, 場当たり的なプロジェクトの散乱を超えて, いかにして都市計画理論, つまりアーバニズムとなり得るのだろうか?

(2) アーバニズムの誕生

まず, そもそもアーバニズムとは何であろうか.「アーバニズム」という用語自体の起源は, バルセロナの都市計画家セルダの『ウルバニサシオン』(1867年), 建築家ル・コルビュジェによる都市についての著書『ユルバニスム(アーバニズムの仏語読)』(1925年), 都市社会学者 L・ワースの『生活様式としてのアーバニズム』(1938年) など諸説あるが, 現在, 都市建築分野においては, 都市計画や都市論・都市理念・都市原理などの意味で, 広く使われている. アーバンプランニングやアーバンデザイン, アーバンスタディなど, 領域が細分化されているアメリカにおいても, 特にアカデミックな分野においては, 全てを包括する意味でアーバニズムという言葉を用いるようになってきているらしい[5].

都市の急激な成長にともなう公衆衛生の悪化や住宅難, 乱開発などの都市問題を解決するために発明された近代都市計画であるが, 1960年代頃からその方法論によって切り捨てられた都市のあり方を取り戻そうとする運動が展開され始めた. 1980年代初頭には「ニューアーバニズム」が生まれ, それ以降の「トラディショナルアーバニズム」や「ランドスケープアーバニズム」など,「(モダン) アーバニズム」のオルタナティブとしての都市の原理原則やビジョンを示すアーバニズムが生まれていった.

しかし, 1995年にレム・コールハースが, ニューアーバニズムなど既存のアーバニズムは現実世界で起きている都市的状況に対して無効状態であり, アーバニズムは現状を受けとめるための方法論になるだろう, と述べた[6]ように, 肥大化する都市を科学的に解明することの困難が明らかになってきた. 巨大化しコントロールできなくなった都市に対して私たちが取りうる態度は無責任であることであり, その未曾有のシステムの中でただ戯れることにより逆説的に都市に接続できる, とレムは皮肉交じりに言う.

（3） 有象無象のアーバニズム

　事実，2007 年には地球上の人口の過半が都市部に居住し，2050 年までに地球全人口の 3 分の 2 に相当する約 60 億人が都市に住むと予想されている．また，人口 1,000 万人以上を抱えるメガシティの数は 2007 年で 19 都市，2025 年には 29 都市まで増加すると言われている[7]．こういう状況において，私たちはなすすべなく都市を傍観するしかないのだろうか．はたして本当に「アーバニズム」は「死んだ」[8] のか．

　実は，先述のレムの挑発を受けてかはわからないが，1995 年以降「○○アーバニズム」と名づけられた活動やテキストはむしろ急激に増加している[9]．それ以前に提唱されたものも含め，それぞれが何を提示することを目的とした言葉なのかという観点から分類すると，表 4.1 のようになる[10]．「④現状の表現やキャッチコピー的なもの」や「⑤対象エリアを示すだけのもの」は都市計画理論とは言えないので議論から外すと，「①理想の都市ビジョンを掲げるもの」，「②都市を創造する為の「論理」を提示するもの」，「③都市を創造する為の「手法」を提示するもの」の大きく 3 タイプがアーバニズムの潮流として見えてくる．

　すぐにわかるように，いずれの言葉も既存の近代都市計画（モダンアーバニズム）の批判的修正が意図されている．具体的には，①は近代都市計画の結果としての非人間的な都市空間に対する別の価値観の提示であるし，②は近代都市計画の恣意性を排除し，複雑な諸条件を取り扱う計画の論理（システム）を提案するもの，③は行政がトップダウンで形作る都市ではなく都市の利用者の側から作りあげていくあり方に期待するものである．

　すでに述べたように，肥大化する現代メガシティを眼前に①のように改めて理想を掲げることには限界があるだろう．また，都市の構造・システムを②のように論理的・科学的に説明する方向は，本当にそれが可能ならば都市あるいは地球全体を取り扱うことができ，理想的だが，実際は閉じた領域の計画単体の自己正当性証明のツールとしてのみ役立ち，無数の論理の掛け合わせでできている現実のメガシティとの乖離が逆に浮き彫りになりがちに思われる．そこで浮上するのが，③のように部分的実践を既存の都市構造・システムの中でエリアを特定してミクロ介入的に行う手法である．実際の都市の利用者の側から

表4.1 ○○アーバニズムの分類表

提示するもの		事例
①理想の都市ビジョン		Accessible Urbanism, Future Urbanism, Green Urbanism, New Urbanism, Sustainable Urbanism, Vertical Urbanism, Walkable Urbanism
②都市を創造する為の「論理」	都市の深層システム	Digital Urbanism, Ecological Urbanism, Environmental Urbanism, Infrastructural Urbanism, Landscape Urbanism, Market Urbanism, Networked Urbanism, Political Urbanism
	形態の生成原理	Fractal Urbanism, Parametric Urbanism
③都市を創造する為の「手法」	ボトムアップ	Adaptive Urbanism, Bricole Urbanism, Collaborative Urbanism, DIY Urbanism, Everyday Urbanism, Exotic Urbanism, Guerilla Urbanism, Gypsy Urbanism, Informal Urbanism, Open Source Urbanism, Participatory Urbanism, Propagative Urbanism, Radical Urbanism
	即時性	Emergent Urbanism, Instant Urbanism, Popups urbanism, Temporary Urbanism, Transitional Urbanism
④現状の（批評的）表現やキャッチコピー		Beautiful Urbanism, Big Urbanism, Denied Urbanism, Dialectical Urbanism, Generic Urbanism, Holy Urbanism, Middle Class Urbanism, Nuclear Urbanism, Paid Urbanism, Post-Traumatic Urbanism, Recombinant Urbanism, Stereoscopic Urbanism, Unitary Urbanism
⑤対象エリア		Border Urbanism, Slum Urbanism, Suburban Urbanism, Village Urbanism

漸進的に空間を編集していくので，短期的・局所的な効果は期待しやすい．あとは，小さな実践が広域の都市に展開し，都市環境，ひいては地球環境にまで接続される道筋を描けるのであれば，今後の都市計画の方法論の新たなオルタナティブとして期待できるだろう．もちろん，そう簡単に答えは出ないし，方法論の性格上，実践を積み重ねて効果を見ていくことしかできない．

4.2.2 エリアを特定したミクロ介入

(1) 途上国大都市のモデル

途上国大都市では，インフラ整備と並行してエリアを定めた都市開発を行っている．経済開発が目覚ましいアジアの諸都市では，シンガポールモデルが一様に目標である．シンガポールは，まず強力なトップダウンでスラム的集住地をクリアランスし再開発を成功させた．その後，屋上緑化，壁面緑化，廃棄物や下水のリサイクル，雨水利用などを導入し，先端技術を駆使した環境都市モデルとなっている．

途上国大都市の中心部ではどこも，スラムクリアランス型再開発が隆盛だ．つけ焼き刃的なグリーン化を謳う再開発エリアがスポット的に散見されるアジアの多くの都市を改めて見渡すと，「スラムのほうがよほど環境負荷の小さいライフスタイルではないか」という素朴な疑問がわく．しかし，都市計画上，スラムというゾーニングはなく，その存在はフォーマルに認知されていない．とはいえ，アフリカ諸都市のように，スラム住民がマジョリティである都市が存在しているなど，従来型都市計画の限界が明確になって久しい．

グローバルな多様な力に翻弄されながら急成長している途上国都市では，工業化で発展していたころの先進国都市に比べ，テクノクラート主導の都市計画で都市をマネジメントしにくくなっている．都市が勝手に増殖するプロセスを受容し，生態系的な自己組織化を活かした都市のマネジメントを探らざるをえない状況にある．

「スラムを抱える途上国の諸都市にとって，シンガポールとは異なるモデルがあるべき」とUCLAで都市ラボを率いるD・カフは言う．

(2) 現代スラムへのミクロ介入

途上国大都市の都市計画で，現代スラムに照準を定めたとして，クリアランス型再開発のオルタナティブとは具体的に何なのか．『鍼治療』だと，建築家グループU-TTのA・ブリレンバークが言う[11]．スラムを構成している有象無象の組織を解明できないがままに怪物として受け入れて，戦略的に切り込んでいくことである．ターゲットとしたスラムへのミクロ介入である．カラカス（ベネズエラ）では，建築的ミクロ介入として，スラムに垂直運動場（vertical gym）を作った．夜間の暴力事件が30％減った．将来に希望を持てず，暇と体力を持て余した若者たちは，暴力で憂さ晴らしするしかなかった．それが，スポーツに向けられるようになった．治安改善に効果を発揮したことで，国内外各地から要請を受け，同様の運動場を次々と作っている．

カラカスもそうだが，ラテンアメリカ都市のスラムの多くは，斜面地に張りついている．新自由主義的な都市開発が支配的であるラテンアメリカでは，開発にあたりインフラ整備の容易な平地で民間開発が進行する傾向にあり，残された固い岩盤の斜面地がスラム化する．

人口250万人の都市クリチバ（ブラジル）では，斜面地のスラムで疫病が蔓延し，衛生状態の改善が急務となった．ゴミ収集が行き届いていなかった．入り組んだ斜面地のスラムのゴミ収集は厄介だ．そこで，当時の市長J・レルネルは，スラム住民に「2kg分のゴミを持って下りてきてくれれば，1kg分のじゃがいもなど食料と交換する」と提案した．この方策により，ゴミ収集のみに消えるはずの予算で，当事者である住民にスラム地区改善を担ってもらい，近郊の小規模農家の収入を増やすという一石二鳥の効果を上げた．

　J・レルネルの知恵に富んだ方策の数々は，日本でいち早く紹介[12]され，都市計画分野ではよく知られている．特に，BRTシステムは，道路に専用車線を設けて，駅のようなバス停を建て，連結バスを走らせるというもので，都市交通問題を画期的に改善した．その後，ラテンアメリカのみならず世界中の都市に導入されていった．

　建築家たちの間では，先述の『ラディカルシティ』で取り上げられたラテンアメリカの諸事例だけでなく，インドをはじめアジア諸都市でも，多様なミクロ介入が試みられている．いずれも，インフォーマル集住地がすでに形成されているところで，コミュニティ主導による環境改善を戦略的に誘導しようとしている．現実の都市はどこも，近代都市計画制度を基盤としてマネジメントされているが，スラムは近代都市計画の網から漏れた場所であり鍼治療的ミクロ介入と相性がいい．

（3）　エリアを特定したミクロ介入成功の2要素

　現代スラムにエリアを特定したこれらミクロ介入は，きわめてスケールの小さな取り組みである．それがなぜ，従来型の手法ではどうにもならず諦められかけていたスラム的状況に対して，ほんの少しではあるが，事態を動かし始めているのだろうか．

　その理由は，第1に近代の想定を超える都市の課題群が射程に入っている点で，第2に既存都市組織を大きく変えずに「点」に介入するミクロなデザインである点ではないだろうか．

　エリアを特定して介入すること自体は，現実の都市デザインの実践では当たり前のことである．例えば，近代都市計画の専門家たちは，数百年，ときには

1000年を超える都市の営みを中断させることなく，都市が一回り大きく成長したのに応じて，都市の中心的機能を強化するために，特定の既成市街地にエリアを定め大規模再開発を計画し実行してきた．エリアを特定している点では同じだ．

しかし，エリアの抱えている課題群は近代の文脈とは様相が異なる．発展途上国諸都市のスラムは，世界的な貧困問題の現れである．いずれも，新自由主義のグローバル化の暗部が都市の局所に凝縮して現れた現代都市問題である．従来型都市再開発が，都市全体の文脈上の課題に主として対処するものだったのに対して，昨今のエリアを特定したミクロ介入では，グローバルな課題群が輻輳している場所として現代スラムをとらえている．第1の，近代の想定を超える都市の課題群から目をそらさず引き受ける姿勢である．

第2に，対象としたエリアの既存都市組織すなわち物的環境を壊さず，「点」にミクロに介入している．先述したラテンアメリカ諸都市の都市デザインが，近代再開発手法と決定的に異なる点である．従来型の再開発では，居住者の多くが立退きを迫られ，物的環境が一変するため地区に戻ってきても生活は変わり，結果的に住み続ける人は少ない．問題を解決したのではなく他のエリアに転嫁しただけだとしばしば批判される所以である．これに対して，ミクロ介入の場合は，暮らしの物的環境が大きく変わらないため，居住者は住み続けながら，環境の改善の恩恵に与かることができる．居住者たちが改善プロジェクトに主体的に関わることで発展性が生まれる．小規模で時間はかかるが本質的な解決に一歩踏み出せる．

以上，スラムをターゲットとしたミクロ介入の建築的実践には，従来型手法とは異なる2つの要素が見出され，それらが，現代スラム問題に小さいながら風穴を空けることに導いてきたのではないだろうか．

私たちは，上述2つの要素を持ち合わせたミクロ介入に，都市計画のオルタナティブとしての大きな潜在力を認めた．現在スラムを対象とするにあたり最も現実的で突破力のある方法だと確信した．そして，ジャカルタ中心部の現代スラムであるチキニをターゲットと定めて，建築的アプローチでミクロ介入の実践からともかく始めることにした．すなわち，ゴールへの筋書きは仮説的に提示できないが，ミクロ介入の建築的実践の試行錯誤にあたっては，「①既存

都市組織を大きく変えないこと」，並行して「②スラムに輻輳している課題群をグローバルな文脈で分析する調査研究を実施すること」としたのだ．

4.3 私たちが実践してきたこと

2010年度のフィールドとの出合いの後，2011年度から2014年度まで，国際建築学生ワークショップ（以下 WS）を計4回，また，実際の建設プロジェクト2件を計画から竣工まで実践してきた．全てカウンターパートであるインドネシア大学との共同研究プロジェクトである．日本やその他先進国ですでに開発された手法を途上国に適用するのではなく，オルタナティブな道を地域住民と日イ双方の研究者や建築家，学生とのやり取りからボトムアップ的に模索していく活動であった．

4.3.1 対象エリア：都市カンポン「チキニ」
（1） 中心部の高密度集住地チキニ

まず，研究対象フィールドを紹介しよう（図4.1）．チキニは，インドネシアの首都ジャカルタの中心部に位置する高密度集住地である．チキニでは，人が低層で人間的に暮らせる限界とされる1,000人／haを超え，ギリギリの密度で居住している．

この界隈は毛細血管のように細街路が張り巡らされていて日中でも薄暗い．早朝の最も涼しい時間帯，女性たちは井戸端で洗濯したり，軒先で料理したり，せわしなく働いている．最も気温の上がる昼下がりになると，界隈に気だるい空気が漂い，小さな涼を見つけて集いまどろんでいる．

壁1枚隔てた向こうは一転，別世界である．巨大な高層建物の中は，エアコンでガンガンに冷やされている．一度外に出るや蒸し暑さに耐えられず車で移動するしかない．壁の向こうとこっちでは，ライフスタイルが全く違う．中心的立地のチキニでは，暮らしの濃密な界隈が切除され，高層オフィス・商業施設やマンションへと入れ替わっていく傾向にある．経済発展のために奨励されるべき都市開発が土地利用の急変をもたらし，ライフスタイルは環境負荷が大きくなる方向へシフトする傾向にある．

4 チキニにおけるミクロ実践

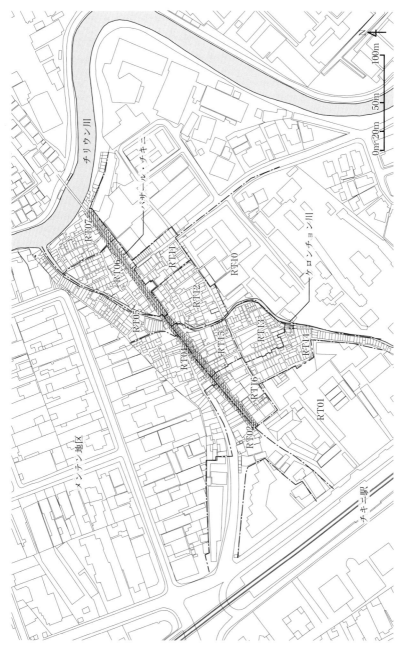

図 4.1 カンポンチキニ全体図

(2) 都市カンポンの高密度化・スラム化

チキニのような集落が都市化したものをインドネシアでは都市カンポンと一般的に呼ぶ．チキニは都市カンポンの中でも超過密な例だが，ジャカルタ市内でもう少し中心から離れたところには低層でそこそこ高密度だが良好な住環境の都市カンポンが広範に広がっている．都市カンポンの厳密な定義は存在しないが，今日でもジャカルタ市民のうち過半が都市カンポンに住んでいるといわれる．1970年ごろに遡ると，8割方が都市カンポン居住だったという．インドネシアの都市において，都市カンポンは，最も一般的で普遍的な居住形態であり続けているといえる[13]．

今日ではインドネシアの首都であり最大の都市であるジャカルタだが，オランダ植民地の中心都市となるまではそれほど重要な都市ではなかった．インドネシアを植民地化したオランダは，バタヴィア（現在のジャカルタ）を首都と定め，オランダ人居住地区を計画的に整備した．それを取り囲むように，現地の人たちが住まう村が自然発生的に形成されていった．これが今日のジャカルタ都市カンポンの根源である．そして，1960年代以降，首都ジャカルタへの人口流入が大規模化し，都市カンポン居住が一般化していった．

チキニは，オランダ人居留地として整備されたメンテン地区に隣接し，早い時期にカンポンが形成されていったチリウン川沿いに位置する．行政区分上は，ジャカルタ首都特別州中央ジャカルタ市メンテン区プガンサアンに属する．

当初は，地区内を流れる小河川のケロンチョン川がチリウン川につながり，緑豊かな村の姿だったが，植民地時代，川向こうにアヘン工場があり，対岸のカンポンとして集積が進んだ．川を渡る鉄道が敷かれ，鉄道関連の仕事に携わる人たちが多く住むようになった．1960年廃線にともない，線路跡地がストリートマーケット化し地区の背骨となった．高級住宅地に住む人たちへの良質な食材供給地として栄えた．現在のパサール・チキニである．

対象エリアのチキニは，都市カンポンの中でも比較的歴史のある地区であるだけでなく，植民地時代から都市において独自の役割を担ってきた場所であった．

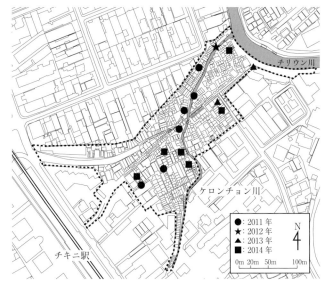

図 4.2　2011 年〜2014 年に介入提案を行った箇所

4.3.2　プロジェクト全容

　私たちの全ての活動をプロットしたものが図 4.2 である．点線で囲われた約 4 万 m^2 がいわゆる都市カンポンであり，私たちが「チキニ」と呼んでいるエリアである．このエリアに特化した明確なデータはないものの，3000〜4000 人の居住者がいると言われている．それだけの生活がこのエリアに展開しているから，本研究のようにミクロなスケールに入り込んで提案する場所は，必ずしも私たちの側で自由に選べたわけではない．実際の建設プロジェクトであればもちろんのこと，その他の提案型プロジェクトであっても，対象地の居住者の協力やフィードバックを受けられることが重要で，それが対象地の選定には大きく影響してきた．また，各年の WS の参加者，人数，スケジュール，提案対象，内容などをまとめると表 4.2 のようになる．また，WS に実際の建設プロジェクトなどを加え，提案の物理的スケールの大小（ミクロ／マクロ）を縦軸にとり時系列上に並べたものが図 4.3 である．

　図 4.3 に表現しているとおり，プロジェクトのスケールはミクロとマクロを往復している．初期のころはあまり意識されていなかったが，プロジェクトを

表 4.2　JKTWS2011-2014 概要

	Megacity Design Studio Indonesia-Japan 2011	Megacity Design Studio Indonesia-Japan 2012
期間	2011 年 9 月 7 日〜9 月 18 日	2012 年 9 月 8 日〜9 月 15 日
対象	日本人学生：19 人 インドネシア人学生：20 人	日本人学生：4 人 インドネシア人学生：8 人
参加大学	日本：千葉大学，東京大学，東京理科大学 インドネシア：インドネシア大学	日本：千葉大学，首都大学東京 インドネシア：インドネシア大学
主催	総合地球環境学研究所（RIHN） インドネシア大学	総合地球環境学研究所（RIHN） インドネシア大学
プレゼンテーション	@大学：リサーチ結果 1 回，最終 1 回 @コミュニティ：キックオフ 1 回，最終 1 回	@コミュニティ：計画発表 1 回，完成披露会 1 回
RIHN プロジェクトリーダー	村松伸	村松伸
インドネシア大学リサーチコーディネーター	Ellisa Evawani	Ellisa Evawani
ワークショップコーディネーター	岡部明子／伊藤香織／太田浩史／Joko Adianto／Achmad Hery Fuad／Ahmad Gamal	岡部明子
ワークショップマネージャー	志摩憲寿／Dita Trisnawan	雨宮知彦
チューター	雨宮知彦／岩元真明	―
ゲスト（チューター，コメンテーター，レクチャー，寄稿）	阿良田麻里子／林憲吾／加藤浩徳／木村武史／村上暁信／島田竜登／山下裕子／Avianti Armand／Yu Sing／Terry Mcgee／Kemas Ridwan Kurniawan／Bambang Sugiarto／Gunawan Tjahjono／Teguh Utmo Atmoko／Triatno Yudo Harjoko	志摩憲寿／山雄和真／Achmad Hery Fuad／Joko Adianto
テーマ・内容	・設計提案ワークショップ． ・前半をリサーチ，後半をデザイン提案とする． ・参加学生は 6 チームに分かれ，「建造環境（A, B）」，「自然環境（C, D）」，「ライフスタイル（E, F）」の 3 つのテーマをそれぞれ 2 チームずつ担当し，リサーチおよびデザイン提案を発表する． ・限界を迎えているクリアランス型の都市計画に代わる道を提示するため，既存都市構造を尊重しつつ漸進的に環境を改善していく道を提示することを目的とする．それぞれのテーマに沿った現状のリサーチから問題点を発見し，それを改善する為の提案を示す． ・提案の対象やスケールなどは各チームの判断に委ねる．	・仮設インスタレーションワークショップ． ・2011 年同様，スラムクリアランスに取って代わる道筋を提案するというコンセプトに基づく． ・2011 年に発見された視点の一つである水のフローに着目し，その改善に向けた提案を仮設構築物の建設を通じて提示することを目的とする． ・かつて地域内河川に架かっていた川上トイレ＝通称 Helicopter に代わる新しい Helicopter を考えるということから，WS のタイトルは「Alternative Helicopter」とする． ・前半は 2 チームに分かれて提案を検討し，コミュニティ計画発表にて選ばれた案を実施案とする．

4 チキニにおけるミクロ実践　　　　　　　　　　　99

Megacity Design Studio Indonesia-Japan 2013	Megacity Design Studio Indonesia-Japan 2014
2013年9月17日〜9月27日	2014年8月31日〜9月10日
日本人学生：14人	日本人学生：13人
インドネシア人学生：14人	インドネシア人学生：26人
日本：千葉大学，首都大学東京，東京工業大学 インドネシア：インドネシア大学	日本：千葉大学，東京大学 インドネシア：インドネシア大学
総合地球環境学研究所（RIHN） インドネシア大学	総合地球環境学研究所（RIHN） インドネシア大学
@大学：③シナリオワークショップ発表1回 @コミュニティ：①増築ワークショップ1回，②ホワイトウォールワークショップ1回	@大学：最終提案1回 @コミュニティ：最終提案1回 @住民個別：最終提案1回
村松伸	村松伸
Ellisa Evawani	Ellisa Evawani
岡部明子	岡部明子
雨宮知彦／山雄和真	雨宮知彦
Meidesta Pitria／Mikhael Johanes 上田一樹／吉方裕樹	吉方裕樹／澤井源太
堀一考／谷尻誠／志摩憲寿／Achmad Hery Fuad	遠藤環／志摩憲寿／Joko Adianto／Herlily／Triatno Yudo Harjoko／Komara Djaya／Yandi Andri Atmo／Paramita Atmodiwirjo
・ミクロとマクロの2視点からチキニにフォーカスするワークショップ． ・①実施設計提案ワークショップ（ミクロ）． ・AFPの「スキン」の最後の仕上げとして，チリウン川側の増築部分の設計提案をするワークショップ．チーム別に提案を作成し，住民投票にかけて実施案を決定する． ・②ホワイトウォールワークショップ（ミクロ）．チキニの既存の隙間を採集し，実際に白くペイントすることで居住環境を向上させる． ・③シナリオワークショップ（マクロ）．各々が理想とする将来のチキニの姿を構想し，そこにいたる道筋，及びそのために今すべき介入提案を考える．	・2013年度にAFPで提案された「環境ヴォイド」のアイデアを街区スケールに展開するためのプロセスと設計提案を求めるワークショップ． ・参加学生は6チームに分かれ，それぞれ10〜20戸の街区単位を対象とした提案を作成する． ・提案は形態のデザインだけでなく住民に共有可能なものであることが期待される． ・それぞれの街区を有するRTのリーダー及びRWリーダーが集う発表会にて提案を発表し，講評を受ける． ・最後に，提案対象となった住戸に実際に居住している住民宅を訪れ，提案の実現可能性についての意見をもらう．

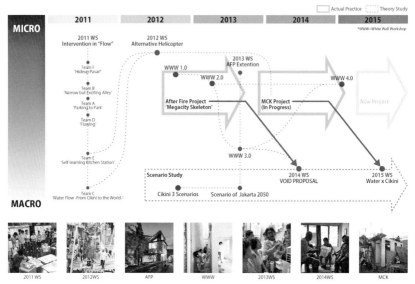

図4.3 ミクロとマクロを往復するプロジェクトのタイムライン

　重ねるにつれ，ミクロなスケールで実践したことをマクロに位置づけること，そしてマクロなスケールで考えたことをミクロなスケールで実践すること，の双方から都市内スラムの課題をサンドイッチするイメージが共有されてきた．
　2011年は介入設計提案WS，2012年は仮設インスタレーションWS，2012年11月から約1年間，小さな住宅プロトタイプの建設プロジェクトを実施した．2013年はその住宅プロトタイプの一部の増築提案WS，ホワイトウォールWS，そしてシナリオWSを実施した．2014年は住宅プロトタイプのアイデアを活用した街区単位での環境改善提案WS，そして2014年6月から8カ月間，既存共同水場の改修建設プロジェクトを順次進めていった．2011年には住民に提案を恐る恐るプレゼンテーションしていたものが，数年後には住民と一緒になって実際の建物の設計・建設を進めるまでにいたったのである．本節では，これらの活動内容を時系列的に紹介し，そのプロセスを読者にも追体験していただければと考えている．それでは，具体的に各年度のWSやプロジェクトの内容を紹介していこう．

4.3.3 学生による既存都市組織を尊重したミクロ介入の提案と小さな実践
(1) JKTWS 2011
①初めての都市カンポン

2011年9月7日-18日にかけて，本研究主催の初のWS——ジャカルタワークショップ2011 (JKTWS 2011)——がチキニで開催され，私たち研究者・建築家らとともに，インドネシア大学・千葉大学・東京大学・東京理科大学の合計39人の学生が参加した．私たちにとっては何もかもが初めての経験である．日本の学生はもちろん，インドネシア大学の学生ですら，都市カンポンに足を踏み入れたことはない者ばかりだ．細い路地を歩けば住民たちの生々しい生活を覗いてしまうようなエリアを10日間ほど学生や外国人がうろうろするのだから，住民たちもいい気分はしないだろう．そこでインドネシア大学の案内によりチキニのRW（エルウェー, Rukun Wargaの略, 町内会）長や各RT（エルテー, Rukun Tetanggaの略, 隣組）長などへの挨拶まわりやフォーマルなキックオフセレモニーの開催など，まずは私たちの意図を理解していただき，信頼関係を築くことには細心の注意を払った．元々インドネシア大学の研究フィールドであったこともあり，住民たちの応対は非常に温かいものであった．フォーマルな挨拶をしたRW長や各RT長だけでなく，路地を歩くときにすれ違う住民たちもみな，ニコッと笑顔で私たちに応えてくれる．チキニに入る前におぼろげに抱いていた「スラム＝危険」というイメージはすぐに覆され，むしろこれまでのどの街よりも第三者として歩きやすいと言ってもいいほどであった．この年はまだ，チキニの問題が何であるのか事前にはっきりとはわかっていなかった．そこでWS前半でまずチキニをじっくりと観察し，都市カンポンの既存環境の問題点の調査・把握を行った．そしてWS後半で調査を踏まえた改良提案を行うことにした．これらの調査と提案は，参加者を6班に分けたグループ作業として実施した．提案のプレゼンテーションはまずインドネシア大学で研究者やゲスト建築家などを講評者として迎えて行われ（図4.4），次いでチキニのコミュニティ相手にも行われた（図4.5）．第三者としてフィールドに入ることで気づくことのできた場所の課題を，少なからずそこに居住する人々と共有することができたのではないかと考えている．

図 4.4　インドネシア大学でのプレゼンテーション

図 4.5　コミュニティでのプレゼンテーション

②調査・提案概要

　6 つの班によって示された調査と提案の概要は以下のとおりであった．

4　チキニにおけるミクロ実践　　103

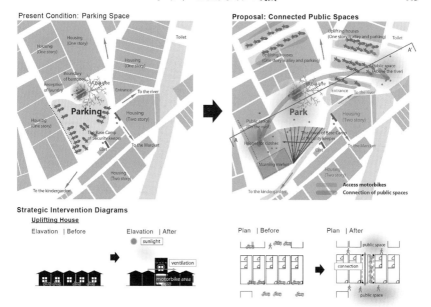

図 4.6　A 班提案／'Parking to Park'

　A 班／'Parking to Park'（図 4.6）
【調査】チキニの人々の屋外の生活空間のひとつとして重要な広場空間の 1 日の使われ方を調査し，駐車されたバイクが人々の活動空間を侵害していることを明らかにした．
【提案】近傍の広場どうしの人の行き来をスムーズにするため，建築の 1 階部分を通路化（既存スペースは 2 階に確保）し，同時にバイクの駐車スペースを確保することにより，広場での人々の活動が地域で連続していく姿を提示した．

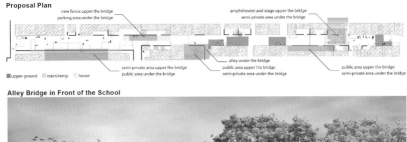

図 4.7　B 班提案／'Narrow but Exciting Alley'

B 班／'Narrow but Exciting Alley'（図 4.7）
【調査】チキニの人々の屋外の生活空間のひとつとして重要な路地空間の使われ方を調査し，占有空間と共用空間を調停する様々な物理的な工夫を発見した．
【提案】ブリッジ状の構築物を挿入し，路地に展開するアクティビティを立体的に整理するとともに，路地に面する住宅（プライベート）と路地（パブリック）を調停する緩衝帯の役割をもたらした．

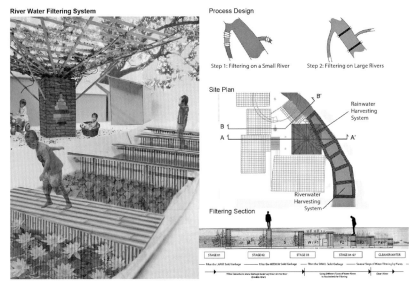

図 4.8 C 班提案／'Water Flow' From CIKINI for the World

C 班／'Water Flow' From CIKINI for the World（図 4.8）
【調査】チキニ内の MCK（Mandi Cuci Kakus の略，それぞれ，水浴，洗濯，便所を意味する．日本語では共同水場）を実測調査し，河川との距離関係と汚染の関係を明らかにした．
【提案】フィールド全体の下水インフラを地域内河川に接続するように整備し，かつその結節点と河川内に浄水システムを組み込むことにより，チリウン川に浄化された排水が流れるシステムを提案した．また，チキニ内にすでに複数存在する MCK の近辺に汚水の濾過施設を計画することにより，雨水の再利用や汚水の浄化機能が複合的に提案された．

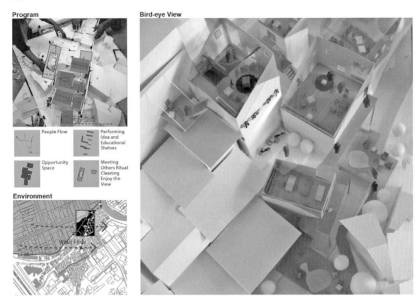

図 4.9 D 班提案／'Flowing'

D 班／'Flowing'（図 4.9）
【調査】隣接高級住宅地との境界にある高い塀とケロンチョン川に挟まれた住宅が孤立していることを断面実測調査から示した．
【提案】高い塀を「風を取り入れるキャッチャー」として，河川の上を「新たな交流の場」として読み替える提案．川側にあったキッチンを路地側の部屋と交換し，路地から屋根裏に続く商売空間を生み出すとともに，河川へ直接投棄されるゴミの問題を解決した．

図 4.10　E 班提案／'Self-Learning Kitchen Station'

E 班／'Self-Learning Kitchen Station'（図 4.10）
【調査】チキニ内のゴミ捨て場を大中小別にプロットし，ゴミの回収システムを把握した．また，ゴミの発生源のひとつである路地上キッチンの分布を調査した．
【提案】ゴミ箱を内包したモバイルキッチンと，ゴミのコンポスト化に関する教育効果を持つキッチンステーションを提案した．

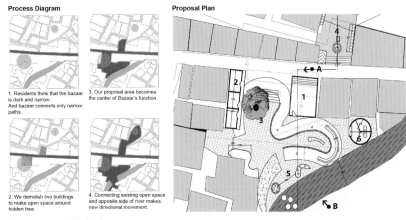

図 4.11　F班提案／'Hideup Pasar!'

F班／'Hideup Pasar!'（図 4.11）
【調査】チキニの背骨であるパサールの実測調査とアンケート調査をし，近隣に新しく建設された大型スーパーと比較した．
【提案】建て込んでいるパサールと地域内河川が交差する近辺の建物を一部間引き，河川敷と一体化したオープンスペースを生み出すとともに，ローカル工芸品の工場とショップを計画し，経済的活動の教育の場を提案した．

③都市のフローへの介入

　いずれも既存の都市組織や社会資本を"じっくりと繊細に"観察し，それを尊重しながら少しの改変を加えることで大きな効果を目論む提案であった（のちにまとめられたJKTWS 2011の報告書[14]のタイトルは，これらの意識を踏まえて「Sensible High Den City」と名づけられ，以降全てのWSのタイトルとなる）．特に，場所に固着せず流動するフロー（モノの流れ）に着目し，そのフローの循環が鬱血している箇所にミクロ介入することでフローを潤滑化する提案がいくつかあり，これはのちの活動に大きな示唆を与えるものであった．例えば，C班の提案は，雨水から生活を通過しそのまま川へ流れるという近代化以前の原初的な水フローを，浄化フィルターを組み込むことで現代に適切に再現しつつ，チキニ域内の水フローを域外の水フローへとつなげる提案であった．あるいはE班の提案は，家庭ゴミの収集・回収のフローをスムーズにするための小さな道具の提案と，住民のゴミ意識に働きかけ，ライフスタイルを更新する教育的役割を持った提案であった．

　近代都市計画では，大きなフローを設計与件として設定し，それを可能にする建築（ストック）やインフラを計画するのが定石である．それは，予測どおりにフローが入力されれば，更地への計画においてはある程度上手くいった．しかし，既存の都市環境を眼前にしてはそう簡単にはいかない．そこにはすでに無数のモノやヒトのフローが存在しており，それらを解読することなしには物的提案によってフローを潤滑にすることは難しい．そしてその解読には多大な労力を要する．この労力コストを回避するために，これまではクリアランス型，つまりそこにあった無数のフローをいったん取り払って新たに与件としてのフローを設定し，設計する手法が跋扈してきたと言えるだろう．しかしこの与件フロー設定の単純化が数々のクリアランス型の失敗例を生み出してきたのはこれまで見てきたとおりである．私たちが標榜するべきは，フローそのものを新しく取り替えることではなく，既存フローを虫の視点で繊細に読み，フローに影響を与えるミクロな介入により既存フローをスムーズに整えることではないだろうか（図4.12）．そうすることで，これまで蓄積されてきた地域の文化やコミュニティなどを尊重しつつ将来へ受け渡すことが可能となるはずだ．

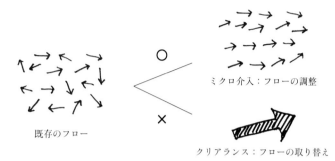

図 4.12 フローを「取り替える」のではなく,「整える」

④フローを支えるインフラ,あるいはストック

　地域を流れる既存のフローに着目し,それがうまく流れていなければ,既存環境を大きく改変しないミクロ介入によって調整し,潤滑化するという手法が見えてきた.では,どうやってフローを介入的に整えるか.通常,水やゴミあるいはヒトなど流動するフローを適切に流す役割を担うのは上下水システムやゴミ収集網,あるいは道路といったインフラであり,都市計画においてインフラ計画が重要な所以である.しかし,本研究のように既存の都市組織を温存しながら環境の改善を目論む場合には,トップダウンによる大規模なインフラ整備はそぐわないことは述べたとおりである.そういった場合には,このWSで示唆されたように,小さな建築スケールのストック（=場所に固着するもの）の介入に可能性があるのではないか.フローを潤滑に流すインフラのような役割を持ったストックを介入的に既存環境に挿入し,ボトムアップ的に状況を改善していく手法である.広域のフロー全体を改善するのではなく,エリアを限定し,フローの一部だけに手を加えれば全体がうまく回るような場合に有効であろう.

　あるいは,インフラとして活用できる構造を既存環境の中に再発見することにも可能性がありそうだ.例えば,WSでケロンチョン川をインフラとして発見した案がいくつもあった.確かに,自然の構造を上手くインフラとして活用することができれば,仮に需要が縮小するフェーズでもインフラは廃墟とはならず自然に戻るだけだから,持続可能なインフラであると言えるかもしれな

い[15]．チキニの既存の小河川をいかに既存のインフラとして上手く利用していくか．次年の 2012 年 WS，そして 2014 年以降の水系システムの検討につながる観点がこの WS 時点で意識され始めていた．

(2) JKTWS 2012

2011 年 WS では建築的な提案を通じて場所の課題を顕在化させることが主な目的であり，実際に様々な角度から見た都市カンポンの課題が共有された．そこで 2012 年 WS では，それらの問題意識を踏まえ，何か小さくてもよいから実際に物理的な構築物を作ってみることにした．具体的なモノを居住者たちと協働して作り，成功体験を共有することで，チキニの空間に対する住民たちの関心をより高めようと考えたのだ．

①下水道・ゴミ捨て場と化すケロンチョン川

私たちはケロンチョン川に着目した．前年の JKTWS 2011 で考察されたように，チキニの中央を流れるケロンチョン川を地域の大事なインフラとして上手く活用していくことは，既存の都市組織を温存したままチキニが環境改善していくために重要であろう．そのためにはまず既存の川のポテンシャルを住民たちが意識共有することが必須である．しかし現状では，JKTWS 2011 でも問題視されたように，小河川は生活排水やゴミにあふれ，非常に劣悪な衛生状態にある（図 4.13）．

排水に関して言えば，河川を下水道がわりに用いること自体は特殊なことではないが，都市中心部では下水インフラが整備され（あるいは暗渠化され），そちらに排水が接続されていくのが人口の高密度化の過程では普通である．ジャカルタ全体の下水道普及率は依然一桁に留まっているが，ジャカルタ政府の政策では，2019 年までにジャカルタ特別州内の下水道普及率を 100% にすると計画されている[16]．チキニの下水が将来的に下水本管に接続されるのか否か不明瞭だが，いずれにせよ何かしらの下水の行き先を作らないうちは河川に放流する以外に道はないと思われる．

一方，ゴミに関してはどうか．問題は，ライフスタイルの近代化とともに，有機物のエコサイクルの系に加われない油やビニールなどの廃棄物が滞留する

図4.13 下水道と化すケロンチョン川

ようになってしまっている点にある．かつては何でも川に捨てれば自然に還ったかもしれないが，ライフスタイルの変化に合わせてその習慣も改め，近代的なゴミの投棄・収集システムを理解し，身につけていかなければならない．近代化以前と同じ生活を田舎で送るのであれば話は別だが，近代化された都市，そしてその中心部に住むことのメリットを享受しているのであれば，都市を成立させるためのシステムに貢献することは共同体としての都市に参加する者の責務であろう．短期的な効果をあげるには罰則規定などにより生活習慣を強引に矯正することになるかもしれないが，まずは子どもから大人まで，地道かつ根本的な教育によって状況を改善していくことに挑戦したい．

② Alternative Helicopter

ケロンチョン川にはかつて，10以上の通称「ヘリコプター」と呼ばれる橋型便所が架かっていた．用を足すと排泄物がそのまま下の川に流れる仕組みとなっており，川の上空に浮かんでいるさまからそう呼ばれている．まさに下水道としての河川をそのまま表現したようなこの構築物であるが，政府による撤去が進み，チキニ地区内にはあとひとつを残すのみである（図4.14）．

そこで私たちは，これに替わる新たな構築物＝Alternative Helicopter（この

図 4.14 橋型便所「ヘリコプター」

先のヘリコプター）を川の上に仮設で作ることによって，川のポジティブなイメージを地域住民に対して表現できないかと考えた．これまで下水道やゴミ捨て場としてしか意識されていなかった川の価値を再発見してもらいたいと考えたのだ．

ところで，チキニの界隈を歩いていると，細い路地やちょっとした辻広場にも自動二輪車が所狭しと駐輪してあることに気づく．悪化する一方の交通渋滞も一因となりドアツードアで移動できる自動二輪車は都心の仕事場に通勤する住民にとって必需品となってきており，事実，図 4.15 のとおり，自動二輪車の所有率は今や 1 人当たり 1 台というところまで右肩上がりで伸びている状況である[17]．その結果，せっかくの親密でヒューマンスケールなパブリックスペースが自動二輪車で埋め尽くされている．地域住民へのヒアリングでは，特に子どもの遊び場がなくなっていることへの不満が多く聞かれたため，私たちは先述の川の問題と合わせて，「川の上に子どもの遊び場をつくる」ことにした．

③計画から施工まで

JKTWS 2012 の参加学生は，千葉大学から 4 名とインドネシア大学から 8

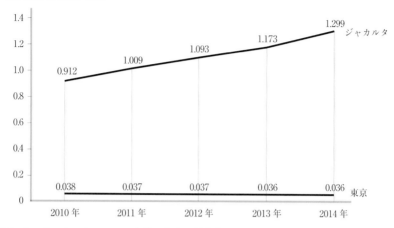

図 4.15 ジャカルタにおける自動二輪車の保有率

図 4.16 住民プレゼンテーションで実施案を決定

名の計 12 名であった．まず参加者は 2 チームに分かれ提案を作り，住民へのプレゼンテーションによって 1 案が施工案として選ばれるプロセスとした（図 4.16）．選ばれたのは，川の上に，地域のシンボルとなるような大きなブランコを作るというアイデアである．材料は地域で安価で手に入る竹を用い，カン

図 4.17 住民を巻き込んだ制作

ポンの大工リーダーであるドゥディンさんの指導のもと，3日間かけて仮設の構造を立ち上げた．竹の部材は全て鮮やかな黄色でペイントされた．このペイントには地元の子どもたちが大勢参加し，一緒にブランコの制作を楽しんだ（図4.17）．制作が進むにつれブランコのことはカンポン中に知れ渡っていき，完成への期待感が高まっていくムードを感じた．そしていよいよオープニングのときにはブランコの前に子どもたちの長い行列ができ，また，敷地の周りは足の踏み場もないほどにその様子を見学する居住者たちで一杯となった（図4.18，図4.19）．

行列に並んだ子どもたちはみな，手にゴミを持っている．というのも，家庭ゴミを持ってくるとまずブランコの利用チケットを貰え，ブランコ前に設置し

図 4.18 人で溢れかえるオープニングの風景

図 4.19 ブランコを楽しむ子どもたち

たゴミ箱にちゃんと分別してゴミを捨て，今後，川にゴミを投棄しないことを宣言すればブランコに乗れるという仕組みとしたためである．このように子どもたちの具体的な教育活動を盛り込んだ点も JKTWS 2012 の特徴であった（図 4.20）．

　ブランコに乗って大きく揺れると，眼下のドブ川に落ちそうなちょっとした

図 4.20　ゴミを分別して捨てるとブランコに乗れる仕組み

スリルも味わいながらブランコを楽しむことになる．これまでに経験したことのない遊具と，その体験と同時に，これまでに見たことのない角度からドブ川を認識する．こういう鮮烈な体験が間違いなく子どもたちの記憶に刻まれたはずである．このような小さい実践を積み重ねることで，住民たちがチキニの問題を課題として少しずつ認識していくことは意味があるし，継続的に活動を続けることで居住者たちと一緒に将来に向けたトレーニングをしていると言ったほうが近いかもしれない．

　介入提案プロジェクトである以上，提案は将来的な目標のためのソリューションであり，何か具体的な効果が表れて欲しいという期待があるが，実際ブランコは，元々常設予定でないとはいえ1カ月もたたずに危険であるという理由で撤去されてしまったし，数カ月後に敷地を訪れてみても，ゴミであふれたケロンチョン川の状態は全く変わっていなかった．もちろん，すぐに何か直接・具体的な解決になるという楽観的な見方もしていないが，少なからず私たちの活動の無力さを感じる結果にもなった．どうすれば，より実効性を持った介入提案をすることができるだろうか．それが私たちにとっての次なる課題となっていった．

図 4.21　火事の跡地が新しいプロジェクトの敷地となる

4.3.4　ミクロ介入の実践

　そんな折，チキニのコミュニティ RT07 から，火事のあと再建設がされずにゴミ溜めとして放置されていた 10 m² ほどの敷地（図 4.21）を，地域コミュニティのための場所として活用したい，という相談があった．コミュニティで使える建物を建てたいとのことである．アイデアワークショップから仮設インスタレーションを経て，ついに常設の建築物を計画する AFP（After Fire Project）がスタートした．

　望まれていた建物は地域コミュニティ施設であったが，シンボリックな物的介入でインパクトを与える手法は JKTWS 2012 のブランコで一度取り組んだし，単なるパブリックスペースをつくるだけでは広域への展開性が低いのではないかと思われた．そこで，私たちはこの地域の今後の居住空間の指針となるような住居モデルの計画に取り組むことにした．JKTWS 2012 で果たせなかった地域への実効的な波及という課題を，プロトタイプ的な提案により共有可能なアイデアを提示することでクリアできるのではないかと考えたのである．実際の用途としてはコミュニティ施設でありつつ，住居モデルとしてのコンセプトを内包した建築プロジェクトだ．

4　チキニにおけるミクロ実践　　119

図 4.22　暗く，じめっとした居住環境

(1) 都市カンポンの居住環境の 2 面性

　新しい都市カンポンの住居モデルを提案するために，現状の都市カンポンを観察してみる．各住居の床は面積を最大限に獲得できるよう隣家と壁が接するまで延伸し，奥に行けばいくほど暗く，じめっとした環境となっている．1,000 人／ha 以上とも言われる高密居住を可能にするため，おそらく敷地境界という概念にとらわれずあらゆる方向に増築がなされており，それによって換気や採光といった，健康的な居住環境のために必要なものが犠牲となってしまっている（図 4.22）．インフォーマルに所有・細分化された敷地に，場所ごとの合意形成によって増築が繰り返されることでこのような非衛生的な居住環境が生まれてしまっており，政府がスラムクリアランスする理由の最も合理的なロジックとなってしまっている．

図 4.23 豊かな路地空間（写真：淺川 敏）

　しかし，その即物的な建造環境の改変は，路地空間に目を転じてみれば一転して豊かな外部空間を構成していることに気づかされる．細い路地に面した家は，路地レベルではちょっとした小上がりのようなスペースや植栽スペースなどを設ける一方で，2階レベルの床をベランダ上にせり出させて住戸面積を増やしつつその床の下に涼しい日陰空間を生み出していたりする．向かい合う家はそういったパブリックな空間とプライベートな空間が互いに干渉しないように上手に関係性を調整しながら路地空間を構成している（図4.23）．こうして生み出された親密なスケールの路地空間は，間違いなく都市カンポンの魅力のひとつであり，計画的に生み出された街区には見ることのできない部分であろう．

　また，このインフォーマルな状況は，セルフビルドの豊かな土壌や，「建築する」という活動の日常性を鮮やかに示している．少し暗いから窓を開けようとか，家族構成が変わったから部屋を増やすといった建設活動が日常的に行われており[18]，そこでは建物の竣工という概念がないかのようである．空間は，

非常に流動的なモノやヒトのフローの一時的な断面でしかない．明日のために有益だと思えることはすぐに取り入れる土壌がある．

思えば，ほどなくして解体されてしまったものの，ブランコのような実際の構築物を街の中に制作したことも，フォーマルな都市空間だったら簡単ではなかったはずだ．ローカルな合意が得られれば作ってもよいという即時性・流動性の高さがあったからこそ，JKTWS 2012 の実践が可能だった．

このような，流動性が高いことで生じる負の側面と正の側面をしっかりと認識し，住居モデルの計画に反映させることが重要である．

(2) 環境ヴォイドを持つ住居モデルの提案（AFP）

既存のコミュニティを温存しながら居住環境を向上させるには，できるだけ小さな介入（ミクロ介入）で大きな効果を狙うのがいいだろう．それは，高密度に建て詰まったチキニではなおさらである．互助コミュニティによる社会的安心や環境負荷の小さいライフスタイルを失わせずに，どうすれば居住環境を改善できるだろうか．

チキニの入り組んだ路地を歩きながら，何かこの土地の空間の知恵を生かした提案ができないかと考えていたある日，ふと，頭上から差し込む光が薄暗い路地を明るく照らしていることに気がついた．見渡してみると，チキニ内の様々な路地はスケールこそ人がすれ違うのもやっとの寸法であるものの，ちょっとした隙間から直接，あるいは透明な建材を通過して太陽光が床面まで達し，そのことが空間の質に大きく寄与していることに気づかされる．第 2 章の温熱環境の調査で実証されたとおり，街路に張り出した 2 階の床は，地面に影を作り住民が涼をとる場所を生み出しているのと同時に，少しの隙間を上空に残すことで人々がそこで語らい，生活することを可能にしているのだ．なるほどジャカルタのように太陽高度が 1 年を通じて高いところでは，このような少しの隙間でも劇的な効果があるのだろう．そこには，長い時間をかけて蓄積されてきた住民たちの環境形成の知恵＝ランドスケープリテラシーが空間化されている．

こういった観察や後述する住民たちとのやりとりを経て，プロジェクトはミクロ介入のアイデアとして，「環境ヴォイド」にたどり着いた（図 4.24）．「環

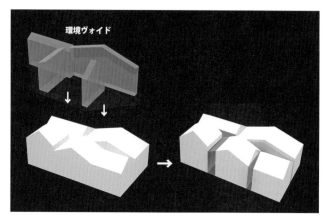

図 4.24 建物と建物の間に挿入される「環境ヴォイド」

境ヴォイド」とは，建物の背面や建物と建物の間に挿入された幅 50 cm ほどの細い隙間であり，風や光の通り道とすることで通風・採光環境を改善する考え方である．既存の物的環境を大きく改変しないことで今暮らしている人たちが安心して住み続けられ，環境負荷の抑制されたライフスタイルを壊さずに，当事者の暮らしを少し健康的なものにする方策である．この「環境ヴォイド」を組み込んだ建物を実際に住居モデルとして建設し，実際の用途としてはコミュニティスペースとして運用（そもそも通風と採光の改善であるからどんな用途に対しても効果的である）することで，チキニの当事者たちにこのアイデアの有効性を体感してもらうことにしたのである．先述のとおり，いいと思ったアイデアはすぐに実行してしまう風土であるから，何よりも実際の空間を体験することが近道のはずだ．

　これは本研究の基本的態度である．クリアランス型のスラム改善に対するオルタナティブとしての提案であるのはもちろんのこと，ジャカルタ州政府の対スラム政策のうち既存カンポンの都市組織を生かすタイプの方策へのオルタナティブでもある（図 4.25）．政府案は，典型的な道路拡幅による高密度住宅地の環境改善案であり，住居の街路沿いの一部を除却して街路幅を広げる方針であるが，このやり方では既存の路地空間の濃密な空間性が失われてしまうし，採光や通風条件としては従前からの大きな向上は期待できないだろう．先述の

4 チキニにおけるミクロ実践

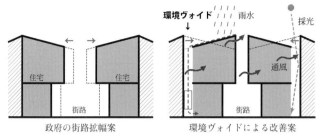

図 4.25　政策のオルタナティブとしての「環境ヴォイド」提案

とおりインドネシアでは1年を通して南中高度が高いため，自然光がわずかな隙間から降り注ぐだけで薄暗い路地が結構明るくなる．住宅の背後に最小限の隙間を設けることで十分な採光効果が期待でき，また，住宅の外周2方向への開口が確保できるため，良好な通風を確保する上で有利である．チキニでは，建て詰まった結果，元来あった開口が通風や採光の用をなさなくなっているケースが多く見られるが，これらは街路の拡幅では解決されない．むしろ，既存の狭い街路の空間性はポジティブに捉えて残しつつ，反対側に環境ヴォイドを挿入することで，通風と採光の改善が期待できるというわけだ．さらに，この環境ヴォイドは必然的に隣の家との境界面に挿入されるから，ひとつのヴォイドで両サイドの住宅への効果があることも重要である．ひとつの住宅内に内包された環境インフラが隣の家と「空間的に」シェアされることで，2倍の効果を発揮しながら展開していくことが期待できるのだ．

　実際には，ただでさえ狭小な床面積の一部を削って挿入するため，コミュニティと「環境ヴォイド」のアイデアを共有するのは容易ではなかった．政府案でどうせ削られてしまう面積と同等であることがひとつのロジックではあるが，あくまでも実際に目の前にある物的環境ベースでの判断が優先されてしまうのが都市カンポンであり，仮定の話はなかなか理解されにくい．そこで2階への動線空間を隣の家と兼ねることによる面積的な工夫や，路地への張り出しを軀体レベルで許容することなどによって，計画上の合意を何とか得ることができた．しかしいざ現場が始まってみると，施工を担当する地元大工の理解がなかなか得られなかった．ここで最終的に決め手となったのは後述する White

図 4.26　子どもたちとヴォイドを白くする「White Wall WS 2」

Wall WS 1である．「環境ヴォイド」のアイデアを体感してもらうため，実寸の採光実験モックアップを建設し，実際の効果を空間的に体感することで，私たちだけでなく住民も大工も納得し，工事が計画どおり進むことになった．また，建物の軀体竣工後にも，地域の子どもを集め，「環境ヴォイド」内を白くペイントするWhite Wall WS 2を行い，その前後の明るさの変化から「環境ヴォイド」のアイデアの効果を再度共有した（図4.26）．

　住宅と住宅の間に挿入されたヴォイドが連担し，互いに恩恵を受けながらより効果的に部分から全体へと増殖していくヴィジョンを描いたのが図 4.27 である．まるで日本の密集ビル街のように細い隙間が建物の間に張り巡らされた平面図であるが，日本では室外機や配管スペースになってしまうような隙間も，太陽高度が高ければ居住環境に貢献する場所として読み替えられる．今回は新築の計画であったため，環境ヴォイドをあらかじめ内包する住居モデルを建設したが，基本的にはこのモデルをベースに，既存住宅の改修という形で環境ヴォイドを挿入していくことになるだろう．

　まとめると，「環境ヴォイド」は，既存の都市組織を大きく改変しないこと

4 チキニにおけるミクロ実践   125

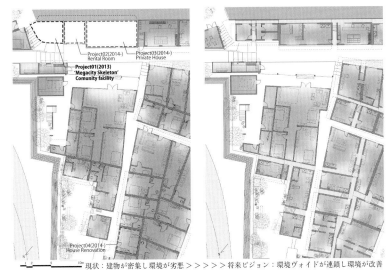

現状：建物が密集し環境が劣悪＞＞＞＞＞将来ビジョン：環境ヴォイドが連鎖し環境が改善

図 4.27 ヴォイドが連担して地区全体の環境改善にいたるビジョン

を前提としたミクロ介入である．激動のジャカルタのただ中にありながら，過去から持続してきた都市組織に価値を認め，これを温存して，環境負荷の小さいライフスタイルの低層高密度を実現し，かつ，切実な問題である通風や採光を改善してより健康的な居住環境にする方策である．

(3) スケルトンとスキンによる構成

このように採光と通風を導く「環境ヴォイド」を内包した住宅モデル AFP であるが，いくらその効果が体感できるかたちで共有されたとはいえ，「床面積を広げたい」という切迫した欲望のもとでは，仮にいったん「環境ヴォイド」が作られたとしてもすぐに床で埋められてしまう可能性は依然として高い．そうやって隙間なく建て詰まってきた結果が現在の過密状態であることはすでに述べたとおりだ．

いつもどこかが建設中で流動的なチキニの雰囲気に魅力を感じつつ，一方で，環境を悪化させるような無秩序な増改築は回避したい．この一見矛盾する2つの側面をともに満たすようにするため，AFP では「スケルトン（軀体）」

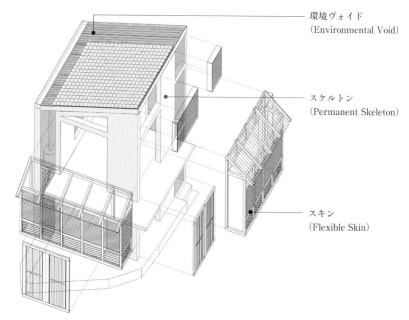

図 4.28 AFP の構成:「スケルトン」と「スキン」

と「スキン(外皮)」による構成の建築を提案した(図 4.28, 図 4.29, 図 4.30). すなわち, 軀体にあたる固い部分と外皮に当たる柔らかい部分を明確に分けるデザインである. それぞれは以下のような特徴を持つ.

〈スケルトン(Permanent Skeleton)〉(図 4.31)

スケルトンは, RC ラーメン + ALC ブロック組積造の壁によって堅固に作られる. 建物の背面に幅 600mm ほどのヴォイドを確保した壁の配置となっており, 2 階の居室からヴォイドへの開口部は腰壁を設け侵入不可とすることでヴォイド部分に容易に増築がなされないような設計となっている(腰壁を解体しないと床が張れない). このように増築の自由度を制限することで, 建物の将来にわたっての採光・通風環境が担保される. 幅 600 mm のヴォイド空間は真っ白なペンキで塗装され, まるで外部であるかのような錯覚を感じさせるほどの眩い光を室内に導く(図 4.32, 図 4.33).

4 チキニにおけるミクロ実践　　　127

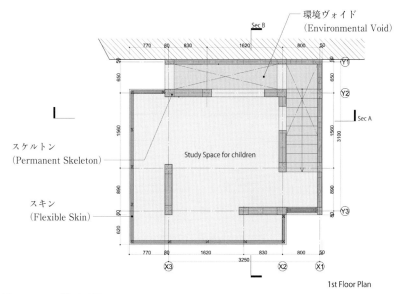

図 4.29a　1 階平面図

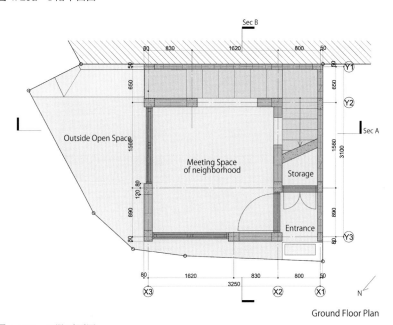

図 4.29b　2 階平面図

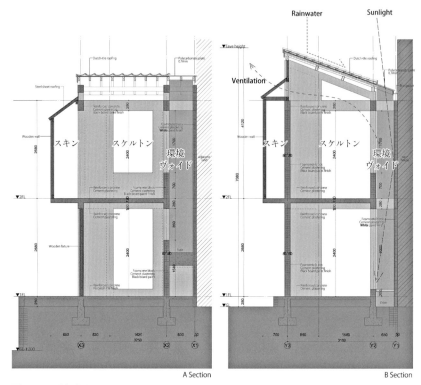

図 4.30　断面図

　スケルトンの寸法は，ジャカルタの地震力や鉄筋のかぶり厚さなどを日本で設計する場合と同様に考慮し，決定している．その結果，チキニの2階建て住宅の通常の柱寸法が 100 mm × 140 mm なのに対し，AFP では 160 mm × 200 mm となっている．都市カンポンのように通常の建築法に基づいた建設習慣のない場所で第三者的に介入して建設を行う場合に，どこまで現地のインフォーマルな慣習を取り入れるか，あるいはどこまで工学的なフォーマルな設計を適用するかの線引きは，誰もが頭を悩ます問題であろう．実際，AFP の設計においても，私たちと地元大工，あるいはインドネシア大学との間にすら意見の食い違いがあり，調整には非常に苦心した．そこで，その線引きをスケルトン／スキンという建築構成に転写することで，第三者の専門家としての私た

図 4.31 スケルトン (Permanent Skeleton) の竣工写真－外観

図 4.32 スケルトン (Permanent Skeleton) の竣工写真－1 階内観

ちがフォーマルな構造として提案する部分を明確化したとも言えるかもしれない.

地震力に基づく RC 軀体の寸法も,太陽の動きに基づくヴォイド空間の寸法も,いずれも長期的に信頼できる環境条件に基づく,工学的論理に裏打ちされたものである.慣習的に建物を建設してきた住民たちにはすぐには理解されに

図 4.33 スケルトン（Permanent Skeleton）の竣工写真—2 階内観

くいところもあるが，地道な活動が長期的にはカンポンの能力向上につながることを期待している．

〈スキン（Flexible Skin）〉（図 4.34）

スキンは，街路に面した外装や，内装の仕上げにあたり，住民のセルフビルドによって自由に改変可能な，流動的・仮設的な要素として位置づけられる．これらがいかに変化しても，内部空間の住環境はスケルトンに内包された環境ヴォイドによって保たれる．カンポンの他の住宅と同じように，其処此処に日常的に流通している建材やリサイクルされた部材を用い，カンポンの慣習的な構法によって組み上げられる．

結果として，建物の路地側の外観はスキン部分によって構成され，それはそのまま街路空間を彩る要素となる．場合によっては更なる増築がなされることもあるかもしれない．AFP は，住居モデルではあるが実際の居住者はまだいないため，今回はこれら住民によるセルフビルドの部分も私たちがロールプレイ的に設計した．路地側の外観は，チキニの周辺住宅の外皮における建具や素材をサンプリングし（図 4.35），地元大工のフィードバックを得ながら構成を決め，施工した（図 4.36，図 4.37）．また，建物の北側（チリウン川側）に敷地

図 4.34 スキン (Flexible Skin) の竣工写真―外観

の余剰が少しあったため,AFP の主要部分の竣工後に,JKTWS 2013 で増築部のプランを複数提案し,住民の人気投票によって選ばれた案を施工した(図4.38).住民投票を経ることで,増築部は住民も一緒に作ったという意識をより持ってもらえたのではないかと思う.

このように,建築の構成をスケルトンとスキンに明確に分けることで,環境ヴォイドによってもたらされる環境効果を長期的に保障しつつ,カンポンの活気ある街路の雰囲気に参加することが可能となった.

これは,ル・コルビュジェが唱えた近代建築の五原則のひとつ,ドミノ式住宅の「自由な立面」(図 4.39) を,建築家が腕を競う対象としてではなく,その地域の慣習や材料のフローが表出される場所として読み替えていると言えるだろう[19].工学的な合理性に基づいた,専門知によるフォーマルな設計の利点を全否定することなく,必要最小限のフォーマル介入により住民たちの知恵を無理なく統合させるという考え方である.

(4) 住民のランドスケープ・リテラシーを反映する建築

ここまで,専門知による合理的な設計をしつつ住民の知恵を取り込む建築のあり方として,スケルトンとスキンによる構成の建築の意義を説明してきた.

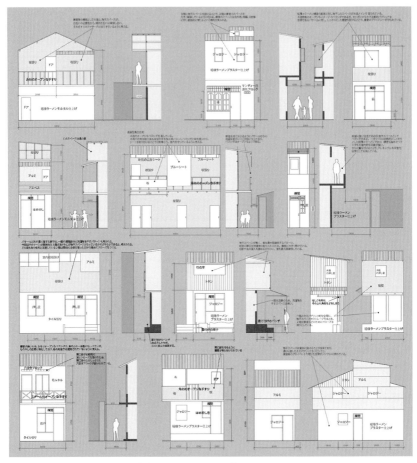

図 4.35 カンポンチキニの住宅のファサード調査

　これは言い換えれば，第三者的な立場で建築を提案するときにいかに住民参加を実現できるかということである．

　「住民参加」というとあたかもこちらが準備したものに後から住民が加わるような主従関係を想像されるかもしれないが，むしろこちらが住民から学ぶことも多く，実際はともにプロジェクトを進めていくプロセスである．適当な言葉が見当たらないため，ここでは便宜上「住民参加」という言葉を用いること

図 4.36　スケルトンに付加されるスキンの施工

図 4.37　スキン完成後の内観．ヴォイドから光が取り込まれる．

にする．

　改めて整理してみると，建築における「住民参加」には時系列上 2 つの水準があることがわかる．すなわち，「①「計画」における住民の知恵やニーズのすくい上げ，当事者意識の形成などを目的とした住民参加」と，「②「受容」において住民の総意に基づく改変を許容するという意味での住民参加」であ

図 4.38　増築部の設計を住民投票で決定

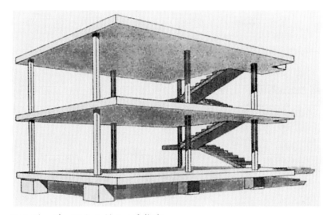

図 4.39　コルビュジェによるドミノ式住宅
出典：Le Corbusier et Pierre Jeanneret, Œuvre complète 1910-1929, Les éditions d' architecture, Artemis, Zurich, 1964

る．私たちは直感的に，この2つの水準の住民参加に対してアダプティブであることがスラムにおけるミクロ介入において重要であると感じた．以下それぞれの水準について見てみよう．

① 「計画」における住民参加：コミュニティエンゲージメント

インドネシア政府による 1970 年代の KIP は，相互扶助の伝統やローカルな建設技術を活かした住民参加型の取り組みとして成果を上げた例として高く評価されている．一方で，第 2 章で指摘されたとおり，最初期の KIP こそ「計画」に対する住民からの要望で始められたが，その後の KIP はそうした下からの改善要望を「計画」に反映するものではなく，施工における土地や労働力や資材について住民の協力を求めるものとなっていったとも言われている．

資金であれ労働力であれ，どんな形でも地域の環境形成にコミュニティの関与があることは意義深いと思うが，AFP では，できる限り「計画」の段階で住民たちの要望を汲み上げ，それを反映した設計内容を常に住民たちと共有し，フィードバックを受けるというプロセスを重視した．このいわゆるコミュニティエンゲージメントは，目の前の切迫した要求を満たしつつ環境を改善していくミクロ介入を実践するための十分条件とまではいかずとも必要条件ではあるだろう．段階的に WS や住民とのミーティングを重ね，アイデアを共有し，住民たちがプロジェクトの当事者意識を持つように促した．また，カンポンの複雑な権利関係やローカル・ルール，現実の生活など，計画側の論理との差異を明確化し，そのずれを話し合いにより埋めていくことで両者が納得するミクロ介入のあり方を探っていった．

こういった住民との濃密なコミュニケーションを可能としたのは，2012 年 11 月よりジャカルタへ渡り，カンポンに住み込みで住民と生活をともにしながら設計活動を行った 3 名の学生の存在であった．朝から晩まで，住民とのやり取りは日常的に行われ，そういった日々のコミュニケーションが信頼関係を構築し，プロジェクトを円滑に進めた（図 4.40，図 4.41）．住民がプロジェクトに参加しているとも言えるし，私たちがカンポンの活動に参加しているとも言える．こういった日常の全てが本プロジェクトの「計画」における住民参加活動であると言えるのだが，その中でも特徴的であった 2 つの WS を紹介しよう．

〈Be Architect! WS（2012 年 12 月 29 日・30 日）〉

コミュニティ施設に対する住民の要望の把握のための WS である．慣習的

図 4.40 模型や図面を用いて住民たちと工事内容を確認

図 4.41 学生たちが職人に教わりながら施工に参加

に男性の声が大きいため，女性の意見の反映や，子どもたちの住環境教育の意味合いを込めて，大人（男）対象，大人（女）対象，そして子ども対象の，計3回開催した．地図を使いながら各々の日常の活動をプロットし，自分と他者

4 チキニにおけるミクロ実践

図 4.42 Be Architect! WS（子ども対象）

図 4.43 Be Architect WS（男性大人対象）

の生活の様子を再認識しながら，コミュニティにとってどのような施設が有益かを考えたり，積み木（敷地に見合ったボリューム模型）を用いて，それぞれの機能を敷地にどう配置するかを議論した．子どもたちからは遊び場，女性から

図 4.44　Be Architect WS（女性大人対象）

図 4.45　環境ヴォイドの仮設実験小屋

は子どものための教育施設，男性からは町内会のオフィスや寄り合い所を求める声が多いなど，要望は多岐にわたった．WSの結果，建物の1階を子どものための教育スペース，2階を地域の寄り合い所とすることになった（図4.42,図4.43,図4.44）．

4　チキニにおけるミクロ実践　　139

図 4.46　既存の壁と小屋の屋根に隙間をつくり，効果を検証

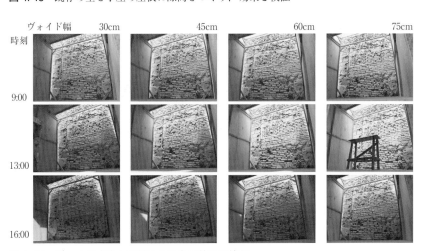

図 4.47　ヴォイド寸法と時刻による光の効果の検証

⟨White Wall WS 1（2013 年 3 月 26 日）⟩

「環境ヴォイド」のアイデアを体感してもらうため，実寸の採光実験モックアップを建設した（図 4.45）．敷地を取り囲む既存のレンガ壁を子どもたちと一緒に白くペイントし，それと対峙するように大工や父兄の協力で 2.4m 四方の小屋を作り，小屋と既存壁の間に仮設の環境ヴォイドを生み出した．可動式の屋根によって日光を取り入れる隙間の間隔を変え，時間と光量を記録した（図 4.46，図 4.47）．この結果，平屋の場合は 30 cm 程度の開口でも本が読めるほど明るくなることが確認できた．先述のとおり，この実験結果を見て大工もその効果に納得し，工事が順調に進むことになった．

② 「受容」における住民参加：インフラ的建築

一方で，「施工」や「運用」における住民参加を可能にするために私たちが提案したのが，最低限の居住環境を担保する環境ヴォイドを内包したスケルトンであった．醸成されたランドスケープ・リテラシーに基づく住民の自由な創作を可能にする「基盤」としてのスケルトンである．つまり，私たち専門家が専門知を用いて提案するのは住宅の骨格となるスケルトンまでで，その後のスキンの造作については住民の側に委ねるということである．無責任な態度と思われるかもしれないが，それを可能にするためのランドスケープ・リテラシーが，百年カンポンとしてのチキニ住民に育まれてきていると信頼できるからこそだ．

別の言い方をすれば，この住居モデルは「インフラ的」建築である．ここで，住宅供給におけるインフラ的な方策は特別珍しいものではない．例えば第 2 章のスラム改善手法のレビューで述べたような，「サイト・アンド・サービス」型の住宅政策は文字どおり，行政がインフォーマル集落の住民に対して土地と水道や道路などの最低限のインフラのみを提供し，住宅やその他のサービスは住民が自ら用意するものであった．また，都市計画におけるインフラだけではなく，はじめに居住のために必要最小限の軀体や設備（＝コア）を建設し，住民のライフスタイルや家族構成の変化，経済状況に合わせた自力建設による増築を前提とした住宅供給方法である「コアハウジング」は，まさに AFP と同じ意味においてインフラ的な方策である．こういったセルフヘルプ・アプロ

図 4.48 ELEMENTAL 設計　キンタ・モンロイの集合住宅　2004 年
出典:「Elemental: Incremental Housing and Participatory Design Manual」, Hatje Cantz Pub, 2013

ーチは，そのバランスはプロジェクトによって異なるものの，計画概念におけるコア＝インフラを提供する「フォーマル」とそれに適応する「インフォーマル」の融合を可能にしてきた．

　しかし，インフォーマルの適応を自由にしたために環境の悪化を招くこともあった．例えば，NHA（タイ住宅公団）によって供給されたトゥンホンソンのコアハウスには2つのコアユニットの間に採光と換気を意図した屋外空間が設けられていたが，1年後には全住戸において居室化が行われており，計画上の工夫が十分に理解されていなかったことを示している[20]．また，近年の例では，チリの建築家集団 ELEMENTAL によるキンタ・モンロイの集合住宅（2004）もコアハウジングの一事例と言えよう．図 4.48 のように，初期設定ではわかりやすく住宅の半分が建設され，残りの半分は居住者の経済状況に応じて適宜増築がなされていく．しかし，この計画でも，住民による増築がなされた場合において地区全体の環境を担保するような工夫は見当たらず，増築が進めば進むほど，風通しなどの環境が悪くなることが想像される．

いずれの計画も，時間軸上の自由な変容を計画に盛り込んでいることは評価できるが，その「自由さ」がときにデクリメンタルな将来をも担保していることに注意しなければいけないということを教えてくれる．その点，単に増築の自由度を与えるだけではなく，増築の「不自由さ」を軀体で規定していることが AFP の特徴であり，コアハウジングの課題である．長期スパンで見たときの居住環境の担保に挑戦した点である．

このように，住居モデル単体において「計画」と「受容」の両水準において住民参加を促すプロセスとすることの重要性を見てきた．そして特に「受容」において住民の経験知を適切に受容するための方策として，ミクロ介入がインフラ的建築であることの可能性を見てきた．いずれの水準においても，専門知と住民の経験知が適切に融合することが肝心であり，本研究が，住民たちの側に寄り添うことのみに力点を置いた住民参加型プロジェクトとは大きく異なる点である．

(5) インフラ的建築の可能性
ミクロ介入がただ単体の住宅コンセプトとしてインフラ的建築であるだけではコンセプトのためのコンセプトとなってしまい広がりがない．次は，ミクロな粒としての建築に埋め込まれたインフラ的なコンセプトが連鎖し，都市スケールのインフラへと成長できるのか，が鍵になる．

①骨格型インフラと関係性型インフラ
人口拡大にともなう住宅難やそれにともなう既存住宅地の過密・衛生問題を解決するために，近代はモダニズムの形式に正しく乗っ取った住宅団地を大量生産してきた．それらはライフスタイルの近代化とともに一定の成果をあげたものの，結果として生まれた均質で硬直した空間の限界は早くから指摘されていた．そしてついには，建替え前のコミュニティが崩壊しスラム化したアメリカ，セントルイスのプルイットアイゴー団地が竣工後 15 年を待たずに 1972 年に爆破解体されたことはモダニズムによる計画的な手法の限界をセンセーショナルに私たちに見せつけた．チャールズ・ジェンクスはこのことを「モダニズ

ム建築が死んだ日」と表現した.

　マスタープラン的な計画的手法に限界を見出し，時間軸における空間の変容を許容するシステムを組み込むことで，「計画」の概念を乗り越えようとする試みが世界中で勃興した．その中で，建築を「不変の部分（＝インフラ）」と「変化する部分」に分けて構成する手法は，時間とともに変化する建築のあり方を示す鮮やかな手法であった．1960年代の日本でこの考え方を建築論として提示したのがメタボリズム・グループによって展開された「メタボリズム」である．メタボリズムとは「新陳代謝」のことであり，経済成長のただ中で動的に変容し続けていた日本ならではの建築運動であった．メタボリズムの提案は，各メンバーによって内容に差異はあるが，インフラの観点からみると，大きく2つの考え方に分けられる．

　ひとつは，例えば菊竹清訓の「海洋都市」に代表されるような，「骨格型インフラ」の提案である（図4.49）.「骨格型インフラ」は，それに付随する個々の要素の増減を許容するインフラとして機能しつつ，明確な全体像を提示する．インフラ（骨格）と付随物が明快なヒエラルキーを持ちつつ，ツリー状に展開する．

　これは，明快な構造によって末端の構造がスムーズに全体構造へと連続することを可能にしてくれる．一方で，需要の増加に対してはある程度有効なものの需要の減少に対しては初期設定の固い骨格が孤立し，廃墟化する危険性もはらんでいる[21].

　もうひとつは，「関係性型インフラ」で，例えば槇文彦の「群造形（グループフォーム）」などに見られる（図4.50）．これは，「集合を形成する要素間に何らかの強い共通因子が存在しその集積によりできあがる集合」[22]であり，理想の全体形は設定しない[23]．要素の間の関係性のルールを，計画が展開するときの拠ってたつインフラとして捉えるのだ[24].

　これは，個々の要素の増減が全体性に与える影響が少なく，バナキュラーな集落や，あるいは複雑にネットワークされたインターネット空間とも通じるかもしれない．一方で，既存の環境に挿入する場合では否が応でも全体像や境界条件を規定せざるを得ず，計画者の空間リテラシーが必要とされるという難点があるだろう．

図 4.49　菊竹清訓「海洋都市」1960 年
出典：「METABOLISM/1960－都市への提案」，1960，新建築社，2011

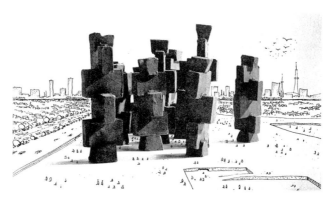

図 4.50　槇文彦＋大高正人「群造形（新宿副都心計画）」1960 年
出典：「メタボリズムの未来都市展－戦後日本・今蘇る復興の夢とビジョン」，新建築社，2011

4 チキニにおけるミクロ実践　　　　　　　　　145

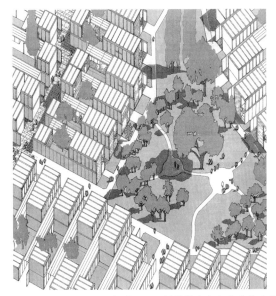

図 4.51　菊竹清訓＋槇文彦＋黒川紀章「ペルー低所得者向き集合住宅指名国際コンペ案」1969 年
出典:「都市住宅」1969 年 12 月号, 鹿島出版会

　また, 1960-70 年代はまさに都市スラム的な居住地区が問題となり始めた時期で, ペルー低所得者向き集合住宅指名国際コンペ (1969 年)[25] やマニラ国際コンペ (1976 年)[26] など, 途上国の高密なハウジングに対するアイデアが多数出されており, 特にメタボリストの「骨格型インフラ」と「関係性型インフラ」の思惑が交錯した前者のコンペ案は示唆に富んでいる.

　完成後は PREVI という名で呼ばれるようになる「ペルー低所得者向き集合住宅指名国際コンペ」は, ペルー政府が低所得者向けの住宅供給のために国連の支援を受けて行った国際指名コンペであり, その中には菊竹清訓・槇文彦・黒川紀章による日本のメタボリストチームの入賞案がある (図 4.51).

　菊竹の回顧では[27], パブリック・マウンドと呼ばれる 30-40 個の住宅のまとまりを作るインフラ提案がコンペ案時の最も特徴的な骨子であるとされている. マウンドは, 交通やエネルギーにおけるインフラとしてだけでなく, 生活を支える都市施設としても働き, コミュニティのコアとなる予定であった. し

かし実現したものはそのマウンドが作られておらず，「単に 2 階建ての住居を並べるというタウンハウス形式にかえられてしまって」おり「たいへん残念なこと」であったと述べられている．これはまさに上述の「骨格型インフラ」のタイプであり，「インフラが作られなかった住宅は，単体としての比較はできても，総合的環境としてのコミュニティーの評価はできない」と菊竹は結論づけている．

　一方，槇による回顧では[28]，住戸に内包されたアイデアが重要視されていることがわかる．各住戸は 2 面接道しており，それをつなぐ通り抜け可能な細長い路地空間（パティオ）が住戸の特徴である．パティオ以外の部分が「拡張ゾーン」として増築を前提とした設計となっているのに対し，槇はこのパティオが地域性に基づいた住民のプライベートな領域，言わば「聖域」であり，彼らにとって増築の対象にはなりえないとしている．パティオは町家の坪庭のように共通のルールによって隣家と連なり，高密度でありながら互いの住環境を良好に保つという．このパティオはグループ・フォームにつながる槇の「関係性型インフラ」であると言えるであろう．

　同じプロジェクトの中に，菊竹が全体の骨格を支えるインフラに可能性を見ているのに対し，槇が住戸内，あるいは住戸間の関係性を規定するインフラを重視しているのは興味深い．おそらく，この 2 つはどちらが優れているという類のものではなく，両者が併存する形で部分と全体を調停していくことが望ましい．

　建設後の増築はメタボリストたちの予想を超えるものだったという．度重なる増築（あるいは解体）の結果，中には当初の 2 階建て想定を超え 4 階建てまで建て増す家もあり，建設時の面影はほとんど残されていないようだ．いずれにせよ，この時代のメタボリズムのプロジェクトは，増加する人口に応じた「新しい構築物」を秩序立てて構成するためのインフラのアイデアを教えてくれる．しかし，私たちはすでに無秩序に拡大してしまったメガシティを相手にしなければならない．チキニのような「既存の環境」に介入的にアプローチするためには，どうすればいいだろうか．

②部分から全体へ接続するインフラの可能性

　かつてインフラストラクチュアは互いに結びつき強化されていたが，今やみるみるバラバラになり競合し出している．それらはもはや機能的な全体を作るふりすら見せず，連携は棚上げである．ネットワークや組織を構成せず，新しいインフラストラクチュアは飛び地化し，袋小路を作る．「大きな物語」から寄生するパーツへ，というわけだ[29]．

　新興メガシティにおける場当たり的な開発と交通渋滞，開発区とスラムが背中合わせになる姿を見れば，このような指摘は頷かざるを得ない．しかし，メガシティはその巨大さ，変化のスピードの速さと多様性ゆえに行政によるインフラ整備が困難であるという特徴がある．もちろん，根幹となるインフラはトップダウン的に整備するしかないが，例えばチキニのような複雑な既存環境を踏まえた細やかなインフラ整備までは到底期待できない．

　そこで，トップダウンによるインフラ整備を補完するものとして，ボトムアップによるインフラ整備の可能性を考えたい．個別の要素に内蔵された細切れのインフラ要素が集まってネットワークし，いずれ，大きな根幹のインフラに接続されるイメージだ．

　いつ，どのような形で広域の根幹インフラが整備されるのかは不透明であるが，いざそうなったときに本流にスムーズに接続できるように，チキニのような場所はローカルでインフラを整えておくといいだろう．そういう準備運動をしておかないと，たちまち大きな波にさらわれてしまう恐れがある．

　また，人口縮小時代の日本において，マスタープラン型の都市計画により過剰に計画されたインフラが朽ち果てていくという状況を経験している私たちにとっても，ボトムアップによるインフラマネジメントの方法論を考えることは有意義である．

　これは先述の文脈で捉えるならば，いかにチキニの既存環境に「骨格型インフラ」や「関係性型インフラ」を「挿入」あるいは「発見」し，ボトムアップでマネジメントできるか，ということに他ならない．

　既存環境をできるだけ残すのであれば，「骨格型インフラ」を新たに挿入す

るのは難しい．むしろチキニであればケロンチョン川やパサールチキニを「骨格型インフラ」として「発見」し，活用する提案を考えるのがいいだろう．一方，「関係性型インフラ」は既存環境に介入するのには適している．大ぶりな改変を加えるのではなく，小さな介入によって街を流れるフローの連なりをちょっとずつ調整し直すことから環境を改善していく方向性だ．

　改めて私たちの提案を見てみれば，「環境ヴォイド」はまさしく「関係性型インフラ」である．物的環境そのものではなく，その間に確保されたヴォイドが提案の骨子である．これは，既存環境に対してヴォイドをあけるだけ，つまりリノベーションでも成立するアイデアである．「環境ヴォイド」を地域全体の環境改善につながるインフラの始まりとして位置づけ，ボトムアップで育てていくことが私たちの次なる課題である．

(6) 広域への展開
① White Wall WS 3

「環境ヴォイド」の広域展開を見据え，まずは簡単にできることからやってみようということで企画したのが White Wall WS 3 である．設計したコミュニティ施設だけでなく，白く塗られた「環境ヴォイド」の効用をチキニ全体に広めようと試みた．カンポンに張り巡らされた路地はそれ自体が自然発生的なヴォイドであり，それを挟んだ隣家の壁を白く塗ることで同様の採光効果が得られる．各 RT 長に相談のもと，特に効果の期待できる 2 カ所の路地に目星をつけ，学生が中心となって壁を白くペイントした（図 4.52）．小さなコミュニティは噂が広まりやすく，周辺住民から次々に塗装の依頼が舞い込み，早くもアイデアの波及が予感された．

②マストさんの家

　AFP が竣工した後，懇意にしていたチキニ住民のマストさんに呼ばれ，お宅にうかがう機会があった．すると何と，AFP にヒントを得て家の 2 階の一部にトップライトを設けて採光を改善したという（図 4.53）．AFP はスケルトンとスキンという明快な建築的構成を持っているが，その提案の本質は非物質的な「ヴォイド」であり，その価値の伝播こそが私たちのねらいであったか

図 4.52 White Wall WS 3

ら，これは本当にうれしい知らせだった．実際のモデルを通じて示した私たちのアイデアが，今後の「住居モデル」としてささやかながら居住者に受容される期待を感じることができた．長期的な視点では，このように自発的な環境改善活動として居住者にじわじわとコンセプトが浸透していくことがプロトタイプ型の提案のねらいであり，前述のとおり流動性の高いこの敷地において期待されている点である．しかし一方で，クリアランス開発の波に常にさらされているチキニは，明日も同じようにここにある保証はない．可能な限りスピーディに住環境改善を進め，クリアランスの必要がない地区であることを自らアピールしていくこともまた，重要である．

図 4.53 マストさんの家に設けられたスリット状の採光窓

(**7**) JKTWS 2014

そこで JKTWS 2014 では,「環境ヴォイド」のアイデアを街区スケールに適用することを課題とした．すなわち,「環境ヴォイド」のボトムアップによる展開プロセスのスタディである．前節で述べたとおり,「環境ヴォイド」のアイデアはあくまでも隣の家との境界面に挿入され，空間的にシェアされるものであり，単体の建築的アイデアではそもそもない．また，そのヴォイドが線形的に連続していくことによって街区全体での通風や採光の質が高まることが期待されている．そこで，チキニ内の複数の街区を選定し，ヴォイドを用いた具体的な改修提案を示し，実際の居住者の意見から受容の可能性と課題を抽出したのである．

4 チキニにおけるミクロ実践

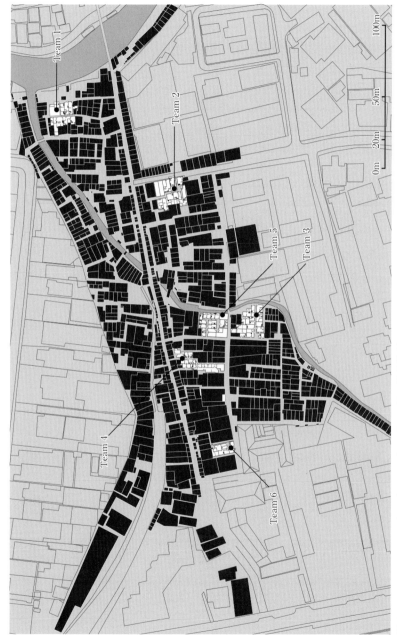

図 4.54 JKTWS 2014 全 6 チームによるヴォイドの提案箇所

①調査から提案まで

JKTWS 2014 は 2014 年 8 月 31 日-9 月 10 日にかけて，インドネシア大学から 26 名，千葉大学から 13 名の計 39 名の学生参加によって開催された．参加者は 6 チームに分かれ，それぞれ異なる街区の実地調査とヴォイドの介入提案を作成した（図 4.54）．以下，各チームの提案概要を簡潔に紹介する．

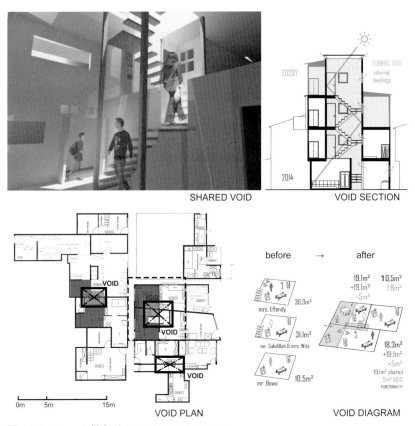

図4.55 Team 1提案／'VOID METABOLISM'

Team 1／**'VOID METABOLISM'**（RT07）（図4.55）
【調査】街区内の住宅はほぼ60年以上前に建てられたものである．それらは血縁によって受け継がれてきており，現在の家族みんなで空間を分割して居住している．2階に隣の家の2階が建て増してきた結果，1階と2階の所有者が異なるケースなど，複雑な空間のやりとりが見られる．
【提案】3家庭でシェアする階段室（ヴォイド）を挿入し，それが通風や採光を導くコアとなる提案．階段室によって居住面積は減少するが，1階の路地に面したスペースをシェアキッチンスペースとすることで補う．明るいキッチンスペースが路地に面することで，街区全体の環境改善にも貢献する．

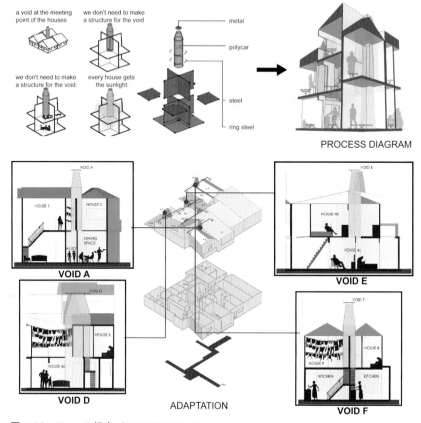

図 4.56 Team 2 提案／'INJECTING VOID'

Team 2／'INJECTING VOID'（RT11）（図 4.56）
【調査】街区には 90 年以上前に建てられた家もある．チキニ外の大通りやパサールチキニなどに近く，外部の通行人の往来がある場所のためか，レンタルルームや食べ物を作るためのキッチンスペースなど，経済活動に由来した空間があるのが特徴的である．
【提案】最大 4 つの住宅外壁が集まる交点に最小限の煙突型ヴォイドを設ける提案．既存の壁などを残したまま設置されるため住宅同士のプライバシーを保ちつつ，屋上でヴォイドが一体化することで通風や採光を導く機能を担保している．

4　チキニにおけるミクロ実践　　　　　　　　　　　　　　　155

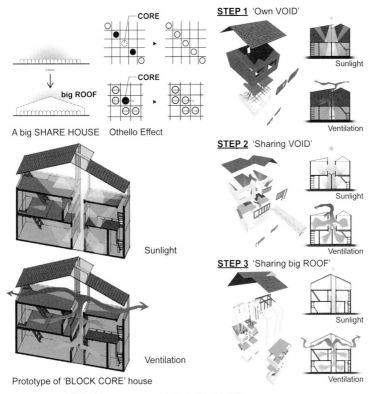

図 4.57　Team 3 提案／'intervention of BLOCK CORE'

Team 3／'intervention of BLOCK CORE'（RT13）（図 4.57）
【調査】ケロンチョン川に面する地区であり，川の上に部屋や物置，キッチン，トイレなど様々な機能を延長しているのが特徴．元来ひとつの家族によって所有されていて，現在はいくつかがレンタルハウスとして貸し出されている．MCK やキッチンは元々共同のものがあったが，徐々に個別化されてきている．
【提案】高密度居住における空間のシェアを必要不可欠のものとし，その実現プロセスの提案．最終的に大きな屋根を共有するという空間イメージを提示し，そこに向かって徐々に空間のシェアが進むプロセスを外部資金によるモデル建築で実証的に例示することで進める．

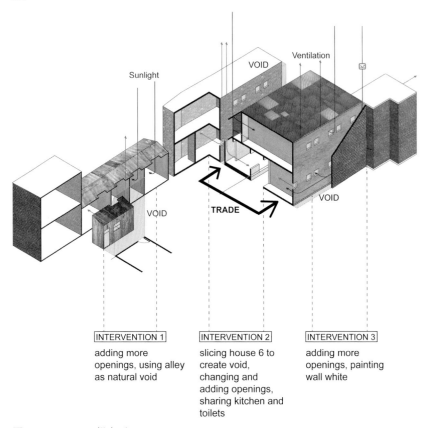

図 4.58　Team 4 提案／'GIVING, TAKING AND SHARING VOIDS'

Team 4／'GIVING, TAKING AND SHARING VOIDS'（RT15）（図 4.58）
【調査】パサールチキニの中央部に面する街区．ひとつの大家族によって所有されており，いくつか貸間となっている家もある．リビングスペースとキッチンスペースが路地を挟んで離れているケースがあるのが特徴である．
【提案】既存の隙間に対して開口部を設けたり，街区内で現在あまり使われていないパブリックスペースの私有化を許す代わりに現在の占有スペースの一部をヴォイドとするなど，居住面積を減らさずにヴォイドを実現する提案．

Site Analysis

brightness

outdoor / interior

Process Diagram

1. Existing house

2. Insert VOID including staircase
3. Inserted VOID make houses' interior bright

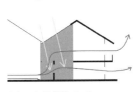
4. Inserted VOID also improve ventilation

5. New communication of inside-outside

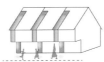
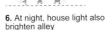
6. At night, house light also brighten alley

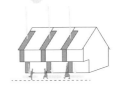
7. At noon, sunlight through VOID brighten alley

図 4.59　Team 5 提案／'Transparent VOID'

Team 5／'Transparent VOID'（RT15）（図 4.59）
【調査】チキニの中央にありケロンチョン川に面した街区であるが，川に対して背を向けている．同じ形式を持った家が複数あること，街区内の公共水場の脇にちょっとしたオープンスペースがあることが特徴である．
【提案】屋根材や床材に透明なマテリアルを用いたり，階段スペースをヴォイドと組み合わせることで，居住面積を減らさずにヴォイドの効果を獲得する．

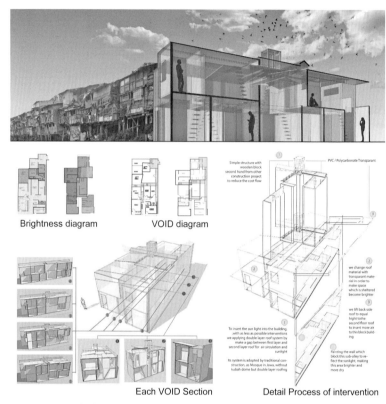

図 4.60　Team 6 提案／'MAXIMIZE STAIR AND LAUNDRY'

Team 6／'MAXIMIZE STAIR AND LAUNDRY'（RT16）（図 4.60）
【調査】60 cm という非常に狭い路地のある街区．全ての家はひとつの大家族からなっている．同じ建物の1階と2階に住んでいる2家族が階段スペースとキッチンをシェアしているのが特徴的である．
【提案】既存の路地や廊下などセミパブリックな空間をヴォイドに転換する．異なる方向に設けられたヴォイドが交差するところに煙突型の吹き抜けを設けることで街区全体の環境を改善する提案．
　これらの提案はインドネシア大学内の講評会だけでなく，実際に提案した場所の居住者やコミュニティリーダー相手にも直接プレゼンテーションされ，当事者の本音を引き出すことができたのは大きな収穫であった．

②シェアかトレードか

　チキニのようにすでに高密度に建て詰まってしまった空間の中に「環境ヴォイド」をどうやって挿入するか．大半の提案において，限られた空間を地域の人々の間でシェアすることによって余剰空間を生み出し，ヴォイド空間の創出に充てるという考え方が示された．現在のMCK（共同水場）に代表されるようなシェアスペースが街中に展開していること，そしてそのことが支えている豊かな互助社会の姿に可能性を見出すものであり，提案作成時は住民たちに受け入れられやすいのではないかと考えていた．しかし実際は，空間を「さらに」シェアすることに対する地元民の反応は芳しくなかった．同じ血縁の家族間であっても，現状でトイレやキッチンをシェアしていることは「仕方なく選択している」状況であり，できれば家庭ごとに各機能を占有したいという意見が大半であった．

　T・フリードマンが「フラット化する世界」と指摘するように，チキニのような都市カンポンにおいても当然みな携帯電話を所持しているし，住民同士は日常的にFacebook等のSNSを使ってコミュニケーションをしている．どこの家庭にもあるテレビや携帯電話を通じてグローバルな情報は共有されているし，プレゼンに対する反応を見ても，居住機能の個別化，つまり「近代的な」生活への要求が非常に高いということがわかる．みな，口をそろえて個別のトイレやキッチンスペースが欲しいと言う．

　少なくとも現状では，私たちの生活環境に比べればかなり空間のシェアとそれによるコミュニティの連帯があることには違いないし，それは高密度居住と豊かなコミュニティを持続可能にしてきた本質的な特徴である．しかしそれは仕方なく選択されているという側面もあるから，第三者としての私たちがことさらにそこに期待しすぎた提案をするのには注意を払ったほうがいいだろう．

　そんな中，異なる角度の手法を提示したのがTeam 4の提案であった．それは，空間のシェアではなく，空間のトレード（取引）によって空間を再編成するものであった．具体的には，利用度が下がってきている現状のパブリックスペースを私有化する代わりに，今まで占有していた空間を（所有としては手放さないが）地区の環境ヴォイドとして供出する，というトレードである．これにより使われていない空間が有効活用されると同時に街区全体の住環境が向上す

る，というWIN-WINの状態を作り出すことができるというわけだ．

　チキニを見渡してみると，この例以外にも，あまり使われていないMCKや，住宅の背後に隠れてしまって見えなくなっている場所など，高密度な中にも意外とアクティブに利用されていない場所が結構あることに気づく．そういう場所をトレードによって環境ヴォイドに変換し，街区に毛細血管のように最適配置していくプロセスは，居住面積の減少をともなわないので個々人にとって比較的受け入れられやすい上に，地区の環境改善がトレードのインセンティブのひとつであるから，チキニの豊かな互助コミュニティの基盤をうまく引き継ぎながら展開できるのではないだろうか．

　第3章で詳説されているとおり，現在の高密度都市カンポンの形成過程には大きく2つの由来があった．ひとつは植民期からのカンポンに70年代以降，地縁血縁を頼って田舎から人口が流入し，従前の地元の人々との慣習に基づいた土地のやり取りを経て現在のような高密度な建造環境が生成していったという側面．そしてもうひとつは，いわゆるスクォッター的な側面，つまり従前は宅地ではなかったところをインフォーマルに占拠することによって生まれた高密度居住地区という側面である．

　前者はすでに所有者のいる空間が複数の所有者に細分化していくプロセスであるのに対し，後者は所有者のいない空間を各々が占有していくプロセスである．また，次章で詳しく述べるが，その後の土地所有権合法化プロセスの道筋もまた複雑である．土地所有の限られたリソースの上にどう高密度居住を可能にするかという点では変わりはないが，その形成プロセス，あるいはマネジメントの仕方の多重性が，高密度化した現在においても空間に対する占有欲と共有意識の複雑な重なり合いとして空間化されているように思われる．この空間をめぐる複雑な意識のベクトルを場所ごとに慎重に観察し，適材適所の提案をする姿勢が求められているだろう．空間を重ね合わせるシェア，そして空間の適正配置を促すトレードをうまく組み合わせることで，高密度でありながら良好な居住環境と社会のある，明日のカンポンの姿が見えてくるのではないだろうか．

(**8**) 共同トイレ改修とコミュニティ仕事の試行

　AFP の建設中から，他の RT からも同じようなものを作りたいという話をいくつか聞いていたが，特に具体的なビジョンを持っていたのが RT11 であった．内容は，既存の MCK を改修したいというものである．敷地は，幹線道路からカンポン・チキニに入るための主要な道路のうちのひとつに沿った場所であり，1990 年代に建設された共用トイレ，共用のゴミ捨て場があった（図 4.61）．パサールチキニに近接した立地であるため，RT11 の住民だけでなく，パサールチキニを往来する商人や買い物客にも使用されていたが，4 つのトイレブースのうち 3 つは配管が壊れ使用不可となっており，使えるひとつのブースでさえも汚れがひどく，非常に不衛生な状況下にあった．

　まず私たちは，この MCK 改修プロジェクトで，「環境ヴォイド」を活用して水フローの再編集ができないか，考えた．4.3.2 でも指摘したとおり，下水と化すケロンチョン川の問題，ひいてはエリアの水フローの問題は，チキニの居住環境を改善する上で避けては通れない点であり，まさに水を取り扱う物的環境としての MCK は最適な研究対象であろう．実際の用途上不必要だったため実現しなかったが，「環境ヴォイド」は 4.3.4 の図 4.25 にもあるとおり，通風や採光だけではなく，雨水の集水や給排水のパイプスペースなど，「住居モデル」における水の通り道としての役割も予定されていた．そこで，排水路などの計画が必須な MCK の計画を通して，「環境ヴォイド」をチキニの水系インフラの一部を担うアイデアとして位置づけること，さらには広域の水系インフラへの接続まで展開することができないだろうか．

　ジャカルタの下水道普及率は 4% と言われている．しかもその 4% は 1991 年に設置された Setiabudi 下水処理場がまかなうほんの一部の地区のことを指しており，事実上ほとんど全ての下水が直接，川や海に放流されているのが実情である．

　現在ジャカルタで計画されている幹線下水道のチキニ近くのクローズアップが図 4.62[30] である．これによれば，チキニを含むエリアは 2020 年までの短期開発計画に位置づけられたゾーン 1 に含まれている．図 4.62 にあるような幹線道路沿いの幹線インフラについては予算さえあれば進んでいく可能性は高いが，カンポンのような複雑に空間や権利が入り組んだ場所ではそう簡単には

図 4.61　MCK 改修プロジェクトの敷地

いかないだろう．むしろ，そういうトップダウンの整備を理由にカンポンをクリアランスし新たにインフラ計画をしたほうが手っ取り早い．そこで，カンポン側がすべきことは，図 4.62 で示されているトップダウン型のインフラ整備が進んできたときに，それにうまく接続できるよう，ボトムアップでカンポン内のインフラを整えておくことである．すなわち，幹線下水道が受け持つ大きな水フローと，地域の下水路などが受け持つ細やかな水フローの接続スキームが設計対象となる．

①計画概要

改修前の状況では，見張り小屋，トイレが敷地に建っていた．設計コストをできるだけ削減するため，既存の見張り小屋は残し，敷地背面および敷地とゴミ捨て場の間に通風と採光を約束する「環境ヴォイド」が通るよう軀体（スケルトン）を設計した．そして，トイレからの排水はこのヴォイドを通ってゴミ捨て場の地下に埋められた腐敗槽につながり，そこからさらに地域の共同下水管につながってケロンチョン川に放流されるというフローになっている（図 4.63）．一旦腐敗槽を経由しているとはいえ，ケロンチョン川に下水が流れ込む

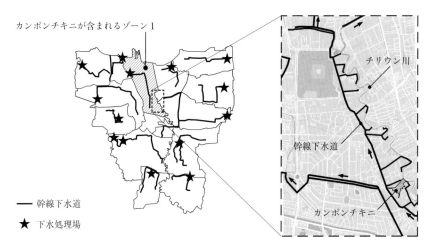

図 4.62 ジャカルタの幹線下水道計画

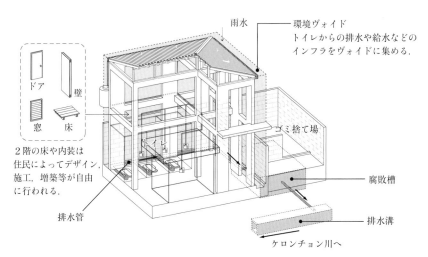

図 4.63 MCK 改修プロジェクトの計画概要

のはもちろん本意ではないが，現在のチキニの慣習とのすりあわせでは，これが精一杯であった．

また，様々な検討を加えたが，環境ヴォイドを地域の下水インフラを担う一部分と位置づけることは困難であることもわかってきた．そもそも水フローは

その通り道が物理的に「連続」していることが不可欠である．つまり，水フローは枝葉の構造が明確な「骨格型インフラ」にのせて流す必要がある．一方，環境ヴォイドはこれまで述べたように「関係性型インフラ」であることが特徴だ．個別の住宅に埋め込まれた環境ヴォイドはそれぞれが独立していても，それに面する住宅に採光や通風の効果を与えてくれる．しかし，水をうまく流すためにはヴォイドが全て連続していなければならない．ひとつでも途中が抜けていると役に立たない．図 4.27 の将来ビジョンのように環境ヴォイドがある程度エリアにわたって連続した後であれば，そこを下水路として活用するというのは美しいストーリーであるが，最初からぶつ切りにされた下水路としてヴォイドを捉えるのにはやはり無理があるだろう．やはり，水フローを潤滑に流すためにはチキニのような小さいスケールであっても「骨格型インフラ」をトップダウン的に埋め込む以外にないのだ．

そこで，MCK プロジェクトは，先述した幹線下水道と域内下水道の接続のハブとしてしっかりと位置づけることにした．それはつまり，将来的な幹線下水道への接続を視野に入れて，そこにいたる時間軸を計画するということに他ならない．まず，ゴミ捨て場の地下の腐敗槽を経由してケロンチョン川に放流されるのが MCK 改修直後の水フローであった．そこから，①腐敗槽を合併浄化槽に取り替える，②地域の住宅排水を域内排水路を通じて合併浄化槽に接続する，③政府の計画する根幹インフラに接続する，というプロセスで順次フローを整えていくことを考えている（図 4.64）．②までのプロセスがチキニ内で進めば，下水が小河川に放流されることはなくなり，綺麗な小河川の流れるカンポンとしてチキニが生まれ変わるだろう．③に進み合併浄化槽がいらなくなれば，まだ手の入っていない地域へと再利用する．

取水空間としての井戸のある MCK はまさに水をシェアすることから，チキニにおける豊かな公共空間となっている．一方それとは対照的に，下水やゴミ，そしてその行く先としての川については住民たちの責任意識が希薄であり，居住環境の悪化が止まらない原因となっている．近代的な衛生設備が完備されていれば一度排水溝の向こうに消えた水のことを考えずとも問題なく暮らしていけるが，チキニのようにそこにいたるプロセスの中途にある場所では，使ったあとの水やゴミについてもマネージする必要がある．そこで本プロジェ

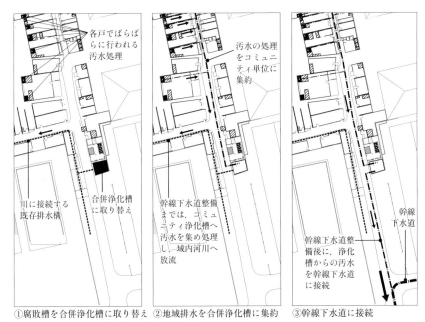

①腐敗槽を合併浄化槽に取り替え ②地域排水を合併浄化槽に集約 ③幹線下水道に接続

図 4.64 域内下水道が幹線下水道へと接続するプロセス

クトでは，ちょうどゴミ捨て場と併設されていることも踏まえ，MCK を水やモノの循環について学べるシンボリックな場所とするため，ゴミのコンポスト化を実践するあらたなパブリックスペースをトイレに併設した．ゴミをコンポスト化して小さな収益を生み，それを地下に埋められた浄化槽や配管の維持管理費用に充てる仕組みを作ることで，MCK が水やゴミの出口側の公共空間としてコミュニティに利用されるようになる計画とした（図 4.65）．

②経済フローへの接続：コミュニティビジネス

AFP も，この MCK 改修も，実験としての実践研究の一環として行われているため，基本的にコミュニティの経済負担はない．しかし，研究で示されたモデルが実際にチキニの生活に浸透していくには，居住者の経済的な負担までを含めて実現可能なアイデアとなっていなければならないだろう．実際，先述の提案型 WS では，空間のアイデア自体はいいがお金がないと実行できない，

図 4.65 1 階のトイレ部分が完成した MCK プロジェクト

という住民の意見は非常に多かった．確かに，環境改善という目的のために経済的負担をすることは，その日暮らしの切迫した日常を送っている住民にとってはリアリティを持ちにくいかもしれない．しかし，これまで述べてきたようなモノやヒトのフローの潤滑化としての環境改善が，彼らの経済的なフローの中に適切に接続されることは，避けて通れない課題である．

　ひとつは，建設費や改修費などを，コミュニティの外部から調達する仕組みを確立するという方向性があるだろう．政府，あるいは企業や個人の資金がカンポンの環境改善に流れるための仲介的な役割を私たちのような研究者や NPO などが担うモデルである．当事者のモチベーションをどう保つか等の課題はあるものの，うまくいけばコミュニティの負担をできるだけ下げてプロジェクトを進めることができる（図 4.66）．

　一方，コミュニティに地区の環境形成への「投資」を促すという方向性もある．収益を生む空間とセットで環境改善を行い，その収益で投資を回収する方

4 チキニにおけるミクロ実践

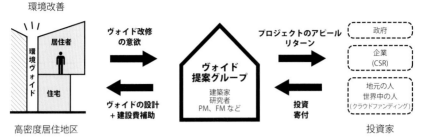

図 4.66 外部からヴォイドによる環境改善の資金を調達するモデル

法である．これはスモールビジネスの土壌があるカンポンに新たな雇用を作るという意味でも，持続可能なモデルのように思われる．そこで，今回の改修プロジェクトでは，MCK に貸間ビジネスを組み合わせることでチキニの経済フローに接続する方向性に挑戦してみることにした．まず MCK の 1 階を，これまで同様に実践研究の一環として，当面の MCK としての機能は満たすところまで改修をした．工事をそこでいったん止め，2 階の建設費はコミュニティの投資として RT11 側で捻出するスキームの検討を提案した．MCK を使用する住民たちから少しずつ出資金を集めて 2 階の建設費に充て，竣工後の 2 階を貸間として運営し，その収益を出資した住民たちにリターンするという仕組みである（図 4.67）．貸間の収益の一部は MCK の維持管理費にも充てられる．概算上は 5 年程度でリターンが出資額に達するので，その後はレンタルルームの収益がコミュニティの運営予算となる算段だ．

　非常にシンプルな仕組みではあるが，結論から言うと，この提案はなかなか住民には受け入れられ難かった．そもそも初期投資のための資金がないということもあるだろうが，先述したとおりカンポンという非常に流動的な空間において，5 年以上先のことを見越した投資行動というのは彼らにとって現実的ではないのかもしれない．しかし，確かに建造環境の改変だけをみれば，毎日のようにどこかで建設活動が起こっているような状況であるが，居住者そのものにクローズアップしてみれば長期にわたってチキニに居住している住民は非常に多く，それによりチキニの豊かな社会関係資本が醸成されてきていることは疑いがない．これからもこの場所に住み続けるという長期ヴィジョンを持つの

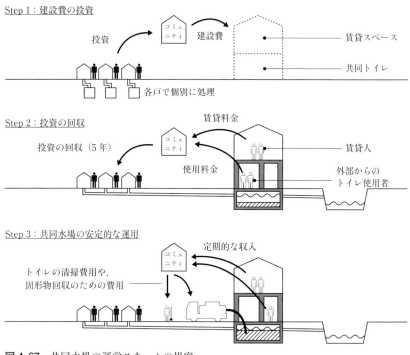

図 4.67 共同水場の運営スキームの提案

はなかなか難しいかもしれないが，これまでの蓄積の価値を再認識し，自信を持って場所に投資していくことを本当は期待したい．

そのための第一歩として，私たちは先ほどのスキームを少し修正したものを改めて提示した（図4.68）．2階建設費は私たちの投資で賄い，その代わり予定のリターン期間である5年間は，私たちが2階のレンタルルームを無償で使う．5年経過後は，私たちが使い続けるのであれば私たちから，私たちが抜けたとしても新しい入居者が，月々の賃貸料をコミュニティに支払う．これにより住民たちは初期投資の負担をする必要がないため，提案はスムーズに受け入れられた．本巻が出版されるころには2階の建設が終わり，私たちのプロジェクトオフィスとして使用を開始しているはずである．このように私たちがここに5年間場所を構えるという姿勢をみせることで，カンポン住民が今より少し長期的に環境や居住のことを考えるきっかけになればと考えている．

4 チキニにおけるミクロ実践　　　　　　　　　　　　　　169

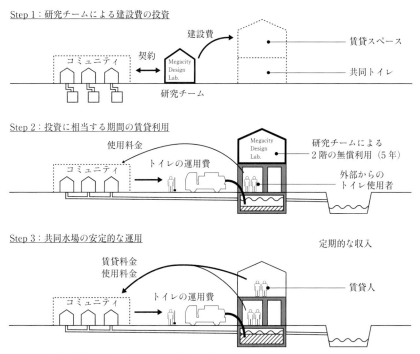

図 4.68 共同水場の運営スキームの修正提案

4.4 ミクロ介入を広域に運ぶために

　AFP は，パサールチキニの末端に面しており，したがってカンポンチキニ内外の人々の往来の眼に留まりやすいため，その存在は少しずつ地域に知れ渡っていった．しかし，AFP の 1 階は子どものための学習スペースとして作られたものの，コミュニティ内の政治的ないざこざもありうまく活用されていなかった．そんな中，たまたま前を通った日本人駐在員婦人が興味を持ち，彼女たちが他のカンポンで進めていた移動図書館の活動を AFP でも行うことを提案してきてくれたのは幸運であった．今では，毎週土曜日の朝に絵本を読む子どもたちで溢れかえっている（図 4.69）．

　既存環境へのミクロ介入の影響が広域に広がるパターンは，これまでの活動

図 4.69　移動図書館が行われる AFP

をまとめると大きく①特異点型と②プロトタイプ型があると考えられる．前者は，規模は小さいがインパクトのある「特異点」を挿入することで，ゴミ問題や教育といった地域の社会問題への意識を変化させる，触媒的効果を狙った活動であり，2012 WS のブランコや，上述の移動図書館もこれにあたるだろう．一方，後者では，プロトタイプに埋め込まれたアイデアが，地域の他の住宅へと伝播していくことを期待する．明日のために有益だと思えることはすぐに取り入れる土壌のある場所なので，すぐにでも採用したいと思えるプロトタイプを提示すれば，たちまちに広がる可能性がある．

　AFP における環境ヴォイドの提案は②を狙ったものである．この場合，ミクロ介入の限られたエリアで実現された効果（AFP の場合は環境ヴォイドによる環境効果）をいかに広域に広げ，地域全体，あるいはもっと広域の骨格を形成

するインフラとして育てることができるかが重要である．

　もちろん，プロトタイプを広域に運ぶ道はボトムアップだけではない．例えば，政府のスラム改善政策への接続，つまりトップダウン側から拡げるという可能性もあるだろうし，そこまでではなくても，ローカル建築ルールのようなものにまとめて地域で共有するという道もあるだろう．また，市場に載せることでよりグローバルに展開することも考えられる．

　現在，私たちは前述したとおりフィールドの特性を生かしたボトムアップの道筋に挑戦しているが，こういったいくつかの道の可能性を捨てることなく，むしろ重層的に複合させることによってより実効的な提案と実践ができるのではないかと考えている．

　本章では，「期待している」という書き方を何回かした．研究者，あるいは建築家として若干無責任な言い方と思われた読者もいるかもしれない．しかし，百年カンポンと呼ばれる豊かな空間を醸成してきた住民たちを信頼しているからこそであるし，その彼らがこれからも自発的に動くことでしかやはり状況は好転していかないと思うのである．何か押しつけがましいスタンスで高所から介入するのではなく，あくまでも彼らやカンポンの空間のポテンシャルを引き出すための手助けをすることが私たちの介入的役割であり，そのための活動や提案は責任を持ってこれからも続けていきたい．（雨宮知彦）

注
(1) Institute for Advanced Architecture of Catalonia におけるレクチャーシリーズのひとつ（2014 年 5 月）（https://www.youtube.com/watch?v=rD_zPlRvNoo&list=PL7D76FBDFCD373C5A#t=433）
(2) City University of New York でのカンファレンス．「Radical Urbanism, The Right to the City」（2008 年 12 月）（https://www.youtube.com/watch?v=DkKXt6lTTD4）
(3) Matthew Frederick のウェブサイト参照（http://hudsonurbanism.blogspot.jp/p/what-is-radical-urbanism.html）
(4) McGuirk, J. (2014). *Radical Cities: Across Latin America in Search of a New Architecture*, Verso.
(5) Barnett, J. (2011). A Short Guide to 60 of Newest Urbanisms. And There

could be Many More, Planning, American Planning Association.
(6) Koolhaas, R. (1995). What Ever Happened to Urbanism? *S, M, L, XL*, The Monacelli Press. ※筆者訳
(7) United Nations, World Urbanization Prospects 2014 revision.
(8) Koolhaas, op. cit.
(9) KIM, D. (2014). Learning from Adjectival Urbanisms: The Pluralistic Urbanism (102nd ACSA Annual Meeting Proceedings, Globalizing Architecture/ Flows and Disruptions).
(10) Artibise, Y のウェブサイト内「101 Urbanisms」(http://yuriartibise.com/101-urbanisms/) や，Barnett, op. cit., KIM, op. cit. などを参考に筆者作成．なお，本章では Urbanism の潮流を把握することを目的としており，全ての事例を網羅しているわけではない．また，項目同士は互いに独立ではなく，複数の項目に当てはまるものも当然存在するだろう．
(11) Philip, R, July 14 2014, Climate Change Solutions: Architects Look To Slums As Models For Sustainable Living, *International Business Times*.
(12) 服部圭郎（2004）．人間都市クリチバ：環境・交通・福祉・土地利用を統合したまちづくり，学芸出版社．レルネル，J．中村ひとし／服部圭郎（訳）(2005)．都市の鍼治療：元クリチバ市長の都市再生術，丸善．服部圭郎（2014）．ブラジルの環境都市を創った日本人：中村ひとし物語，未來社．
(13) 澤滋久（1999）．カンポンの変化，宮本謙介／小長谷一之（編）アジアの大都市 2 ジャカルタ，日本評論社，231-252
(14) Sensible High DenCity 2011.
(15) 成長時に整備した過剰なインフラが人口減少とともに廃墟化する恐れを指摘したものに，例えば「朽ちるインフラ（根本祐二）」がある．
(16) ジャカルタ特別州政府により 2015 年に「100-0-100」計画が打ち出された．「100-0-100」とは，2019 年までに「上水を 100% 飲料可能にすること」—「首都内のスラム街を 0 にすること」—「市内の下水道を 100% 整備すること」を指す．
(17) 中央統計局 BPS（Badan Pusat Statistik）
(18) 吉方祐樹（2015）．高密度インフォーマル居住区における住居増改築過程と住要求に関する研究：ジャカルタ・チキニ地区を事例として，千葉大学工学部修士論文．
(19) AFP が受賞した国際建築賞 Holcim Award Asia Pacific Region 2014 の審査評には，"Recalling Le Corbusier's Dom-ino open plan frame, the Megacity Skeleton project explores an extension of the model's evolution, adapting the formalized Corbusian structure to the needs of informal communities, with a particular

emphasis on stakeholder participation as a fundamental principle of collective living."とある．
(20) 田中麻里（1998）．トゥンソンホン計画住宅地（バンコク）におけるコアハウスの増改築プロセスに関する考察．
(21) 黒川は，「METABOLISM/1960」の中で，「人口が減ってくれば，その分だけ古い住居ブロックから海底に沈めていけばよい」と言うが……．
(22) 槇文彦（1971）．都市と人間，現代日本建築家全集19，三一書房．
(23) 槇は，「私にとっては全体とは当初から星雲のように，常に膨張消滅を繰返すきわめて不安定なものとしかイメージすることができなかった．つまり計画とは全体像があってその中で個が変化したり，置換されるのではなく，個の変化によって全体も揺らぎ変化するのだ．……全体と個はどこまでいっても関係体の一つに過ぎないという観点だった」と述べている（メタボリズム／2011 METABOLISM「季刊大林」No. 48, 2001）．
(24) その後，槇は要素の間の空隙（ボイド）を不変のインフラとして設定する「ゴルジ体」プロジェクトを展開する．
(25) 「都市住宅」1969年12月号－1970年12月号（鹿島出版会）に結果が連載されている．
(26) 「都市住宅」1976年9月号（鹿島出版会）に結果が掲載されている．
(27) メタボリズム／2011 METABOLISM「季刊大林」No. 48, 2001．
(28) 槇文彦／菊竹清訓（1969）．ペルー低所得者向き集合住宅国際指名コンペ報告「新しい住空間の概念を求めて」，都市住宅，1969年12月号．
(29) Koolhaas, R. (1995). Generic City, S, M, L, XL, The Monacelli Pres. ※筆者訳
(30) JICA（2013）．インドネシア国ジャカルタ特別州下水処理場整備事業準備調査（PPPインフラ事業）ファイナルレポート．

5 スラム化の経緯と実態，超高密度が生む知恵：チキニを事例に

5.1 はじめに

　今回のプロジェクトでは，前章で述べたように，毎年 10 人程度の日本人学生が 10 日間ほどチキニに密着する現地ワークショップを行ってきた．また，共用小施設 AFP（After Fire Project）および MCK（共同水場）改修プロジェクトでは，2-3 名の学生たちが年の半分はチキニで暮らしながら活動した．
　学生たちは，「スラムの人たちは，居住の貧困にうちのめされている．みじめな生活をしているかわいそうな人たち」と思い込んで，現場に入る．当然だ．私たちに染み付いている近代居住の常識では，とうてい生活できない世界だからである．
　ところが，スラムの人たちは，いきいきとしている．将来への漠たる不安に悶々としている学生たち以上に「今ここ」を楽しんでいる．「居住の豊かさ」という近代的常識に対して，小さな疑問が生じる瞬間である．
　この疑問を原点に，本プロジェクトでは，前章で詳述した実践と並んで，実践のプロセスで浮上した課題について調査研究を進めてきた[1]．本章はその結果をまとめたものである．
　5.2 では，高密度化の経緯を辿る．ここチキニが高密度化するのは，グローバルな長く大きな歴史のうねりからくる必然であって，当事者にはどうすることもできないのではないか．「高密度化を甘んじて受け入れるしかなかったのではないか」というストーリーを前提に，高密度化の歴史を振り返った．
　そして，無慈悲な高密度化にさらされて，人が凝集し，極度の空間的制約下に追い込まれながらも，ここチキニでは生活がかろうじて回っている．近代居

住の常識からすれば奇跡だ．度を超した高密度に押し込まれて，生き延びる知恵が絞り出されていると考えられる．5.4では，それらの知恵を，彼らの生活の体現である「まちのかたち」すなわち既存都市組織[2]に探し求めていく．

5.2　チキニ地区形成の経緯

なぜジャカルタの中心部に，チキニのような高密度集住地がスラム的状況に置かれているのだろうか．その根源に遡り，高密度化と環境悪化のプロセスを辿ることにした（山本，2013）．グローバル化とあいまって，今の状況になった必然を浮彫りにしたいと考えた．

5.2.1　植民地時代に都市化の始まったカンポン

1825年の地図に"Kg. Tjiekienie"と記されている．チキニは少なくとも，200年ほど前からあったカンポンだ[3]．当時のカンポンは，川沿いの濃い緑のなかにポツポツ家が建つのどかな農村だったと考えられる（図5.1）．カンポンには，豆・ジャスミン・ココナッツなど，特産の農産物が名称になっているところも少なくない．チリウン川対岸のカンポンの名カナリは，胡桃を意味する．カンポンの人たちは，田畑で米や野菜・果物をつくり，それらがバタヴィア（現ジャカルタ）に住むオランダ人の食料となっていた．

しかし，19世紀末からのバタヴィアの都市発展にともない，徐々に環境が変わっていく．

1869年に馬車を動力にして操業開始したバタヴィアのトラムは，1881年に蒸気機関を導入，1897年には電化された．路線網を広げていった．1873年にはバタヴィアと南の都市ボゴールを繋ぐ鉄道ができた（図5.2，1897年）．現在，チキニ地区の目の前を通っている鉄道である．

1910-1939年にかけて，オランダ人向け高級住宅地としてメンテン地区が開発された（Silver, 2008）（図5.2，1923年）．当時としては最先端の住宅地開発である．メンテン開発が，北の港町に始まったバタヴィアの重心が南進するのに決定的な役割を果たした．チキニ地区は植民地時代のバタヴィア市域に含まれている．チキニはメンテンに近く通いやすい場所にあったため，オランダ人の

5 スラム化の経緯と実態，超高密度が生む知恵　　　177

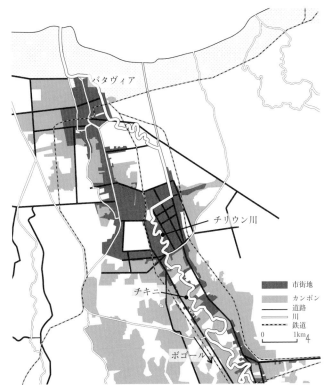

図 5.1　オランダ植民地時代のバタヴィア（現ジャカルタ）
市街地がチリウン川に沿って南に延びている．バタヴィア-ボゴールを結ぶ鉄道が，チリウン川に並行して市街地を取り囲むようにカンポンが形成．
出典：1897 年地図をもとに作成

家で働くインドネシア人の使用人が住むには都合のよい場所だった．

　1913 年に，チリウン川の対岸に，アヘン工場ができた．現在のチキニ地区の通りの名ガンアンピウンは，アヘン（opium）に由来する．アヘン工場で働く人が住むにも便利な場所だった．バタヴィアとボゴールをつなぐ鉄道の引込線がアヘン工場まで通じ，チリウン川には鉄橋が渡された．今でもチリウン川を歩いて渡る橋として現役だ．1919 年に，バタヴィア一のチプト病院がアヘン工場の南側につくられる．後に日本占領期には軍の病院として使われることになる．通訳としてインドネシアの日本軍にいた鶴見俊輔は，エッセイ集『思

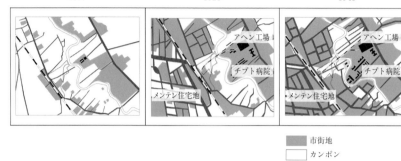

図5.2　チキニ地区周辺が市街地化した経緯
道路沿いから市街地化が始まり，チリウン川沿いに連続していたカンポンが徐々に狭められていった
出典：1897，1923，1945年の各地図をもとに山本真生作成

い出袋』のなかで，チキニの病院に入院したことを綴っている．

　カンポン・チキニの真ん中の，少し高くなっているところに，1920年代，高級住宅地が開発された（図5.2，1923年）．この住宅地を洪水から守るために，アヘン工場までの引込線のすぐ北側に，高さ3mの壁ができた．チリウン川に沿って南北に長く広がっていたカンポン・チキニは，鉄道の引き込み線と高級住宅地で南北2つに分かれてしまった．本プロジェクトで「チキニ（地区）」と呼んでいるのは，このうちの南チキニのほうである．高級住宅地を守る堤防ができたことによって，チキニは結果的にチリウン川の河川敷にあることになった．

　さらにややこしいことに，現在行政区分上，高級住宅地南端の通りを基準にして，北のメンテン区チキニと南のメンテン区プガンサアンに区分けされている（図5.3）．したがって，私たちがチキニと呼んでいる対象地区は，行政区分上は，プガンサアンに属しチキニではない．しかし，現鉄道駅チキニの駅前であり，後述するチキニ市場でよく知られているために，誰もがチキニと呼び習わしている．

　バタヴィアの都市化によるチキニの受難はさらに続く．

ジャカルタ DKI（首都特別州）

図 5.3　現在の行政区分
対象地チキニ地区は，中央ジャカルタ市メンテン区ブガンサアンの北端に位置する

　チプト病院は，1930 年代に病院の調理場と洗濯場をカンポン・チキニの南端に新設した．チリウン川を挟んで，病院と付属施設が対面するかたちになる．北を高級住宅地に削られ，南を病院付属施設に取られて，ほぼ現在，私たちが「チキニ」と呼んでいる範囲になる．

　つまり，今日，中心部に残された低層高密度スラムであるチキニ地区は，20 世紀前半の都市開発をくぐり抜けて，のどかな緑いっぱいのカンポンとして残された場所だった．

5.2.2　1960 年代以降：止まらない高密度化

　1945 年インドネシアは独立し，新たな時代に入る．アヘン工場への引込線は使われなくなり，1960 年トラムは全面廃止となった．

　1960 年代から，首都ジャカルタへの人口流入が顕著になってきた．チリウン川の土手にはスクオット地区ができ始めたが，昔から村だった部分のチキニでは低密度で良好な住環境を維持できていた（図 5.4）．

　1962 年スマルノ州知事の時代に，チキニ市場が建設された（図 5.5）．周辺に高級住宅地があり，交通アクセスがよかったことから，市場は大変なにぎわいをみせる．当時はまだ隣の町だったデポックや高地ボゴールからも生鮮食料

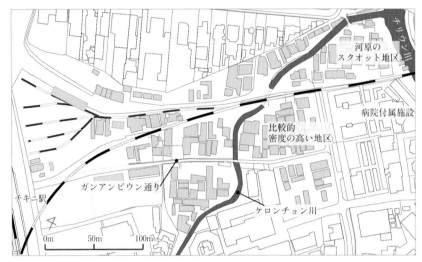

図 5.4　1945 年独立直後のチキニ地区
出典:山本真生作成

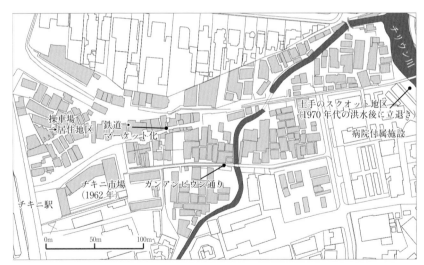

図 5.5　1960-70 年代のチキニ地区　人口密度が上がり,市場やストリートマーケットが形成
出典:山本真生作成

品を売るために電車でやってくる行商もいた．貴金属商の集積で有名になった．辺りは露天商でごった返していた．

　1967年廃線になっていた鉄道の線路がついに撤去されると，市場に隣接していた鉄道跡地は，あっというまにストリートマーケット化した．現在のパサール・チキニ（図5.37）の起源である．周辺に商業者が住み着いた．1970-80年代は，農村から都市に大量に流入した時期である．みな遠縁の親戚を頼って首都ジャカルタにやってくる．チキニにも親戚や同郷者が流入した．あてもなくやってくる人は，川の土手などに勝手に住み着いて，スクオット地区を形成する．家の数が増えて，緑が減っていった．1度始まった高密度化は止まらない．

5.2.3　グローバル化と都市カンポンのスラム化

　グローバルな生産の効率化で，製造業の雇用は，先進国が高度成長期だったころと比べるとはるかに少ない．都市に出てきた若者たちを吸収するに十分な，フォーマルな仕事はない．大半が屋台やバイクタクシーなどインフォーマルな仕事を生業とするようになる．インフォーマルビジネスには有利な中心部で，不安定な所得でも暮らせる場所として中心部都市カンポンは便利だ．チキニは，親戚縁者，貸間の住人，勝手に川の土手に住み着く人，あらゆる種類の流入者を受け入れてきた．

　一方，サービス産業都市として，アジア大都市間の競争の渦中にあるジャカルタの中心部では，民間再開発が盛んである．これら再開発の標的は当然ながら，中心部に残っている劣悪な環境の都市カンポンである．対象のチキニも例外ではない．市当局の都市計画マスタープランでは，中心部から都市カンポンは一掃されてオフィス街・高層マンション街となる青写真となっている．中心部の都市カンポンエリアが次々と再開発に消えていっている．

　対象のチキニでも，パサール・チキニとガンアレピウン通りは拡幅されて大通りになり，都市カンポンがオフィスビルや商業施設に入れ換わる計画となっている（図5.6）．これまで見てきたように，以前は川沿いに連続していた都市カンポンの一角だったが，徐々に削られその面積を狭められてきた．その後もじわじわ削られてきている．病院付属施設の拡張でブロックがひとつ削られ

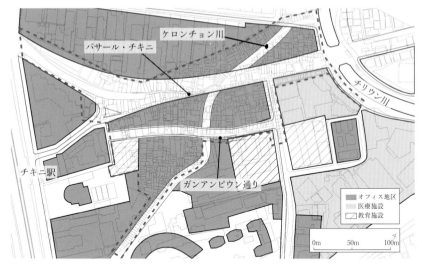

図 5.6 チキニ地区における現行の都市マスタープランによる計画道路と用途
道路拡幅により，カンポン的集住地は実質的に残らない

た．大通りに面した一角が，オフィスビルに再開発された．トラムの操車場跡地で1度は居住地区となったところだった（図5.7）．2012年，チキニ市場がチキニ・ゴールドセンターに建て替えられた．足下の都市カンポンには背を向けた再開発高層商業ビルである．食料品は地下市場になり，上階はチキニ市場の看板だった貴金属店がたくさん入っている．明るくきらびやかになったのとは裏腹に，以前の市場より閑散としている．高密度都市カンポンに隣接して残されていた貴重な緑地が，2013年には，5つ星ホテルに開発された．スラムと壁1枚隔ててホテルのプールがある（図5.8）．

　活発な再開発が建設業のみならず付随して多様なインフォーマルな仕事を生み，経済的に不安定な低所得者の中心部居住ニーズはさらに高まる．しかし，再開発によって中心部都市カンポンは削られる一方で，チキニ地区のように，残された都市カンポンの高密度化が一段と進む．こうして，古くからあって今も残る中心部の都市カンポンは，高密度の極限にある．

　1970年代からインドネシアのカンポンを知る布野修司は，カンポンを「半熟たまご」に喩えている（布野，1985）．「幹線道路に沿って，大きな商業ビル

5 スラム化の経緯と実態，超高密度が生む知恵

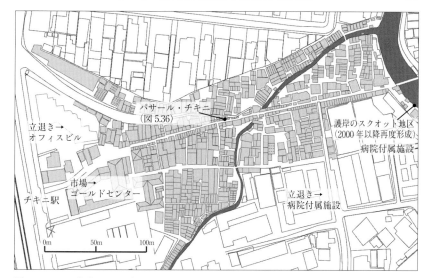

図 5.7 1980 年代から現在のチキニ地区
再開発で削られていき，一段と高密度化
出典：山本真生作成

や事務所ビル，あるいは大邸宅が立ち並ぶ」一方，「内側にはぎっしり住居が密集する」．それから時が流れて，ジャカルタのたまごは茹だってきた．カンポンが消えてゆくなか，チキニでは，まだ濃厚などろどろの黄身がかろうじて残っている．

チキニは，富裕層の都市空間と隣接して，貧困層が住むことのできる場所となっている．その空間的な住み分けは，メンテンに当時最も近代的な住宅地をオランダ人向けに開発する一方，川沿いの不衛生な低湿地に現地の人びとが暮らす状態を容認してきたのを継承している．植民地時代にもスラム改善が行われなかったわけではないが，その理由は感染症がオランダ人居留地に及ぶことを恐れたためだといわれている．

グローバル競争に否が応でも巻き込まれる時代，サービス産業偏重の経済発展モデル以外に選択肢のないアジア都市の抱える諸課題が，植民地時代に支配者と現地人を住み分けた都市構造に投影され (UN-Habitat, 2009)，中心部に残る高密度都市カンポンの劣悪な環境に表象されているといっていい．

図5.8 チキニ地区南側に位置するホテル上階から北方向を見る 中央が都市カンポン，壁を隔てて手前が高級ホテルのプール，左がゴールドセンター

5.3 ジャカルタと水，チリウン川

5.3.1 巨大都市ジャカルタと水：都市化・海面上昇

ほぼ5km間隔にデルタ地帯をゆっくり流れ下る複数の河川が，ジャカルタ市の天然の巨大インフラである．「ジャカルタの川には，年間1万4,000 m^3 の家庭ゴミと90万 m^3 の工場の廃棄物が流れ込んでいる」[4]．天然の巨大インフラのおかげで，下水道整備率3%でも，巨大都市ジャカルタは致命的な機能不全には陥っていない．ジャカルタは天然の川筋が13本ほどあるために都市インフラとしての下水を整備しないままに都市発展してきてしまった．なかでもチリウン川は，植民地時代のバタヴィアだったころから，都市河川であった．港町バタヴィアからチリウン川を南に遡って都市化していった（図5.9）．

河川の自然の大きな力に依存して，ジャカルタは都市活動の副産物としてで

5 スラム化の経緯と実態，超高密度が生む知恵

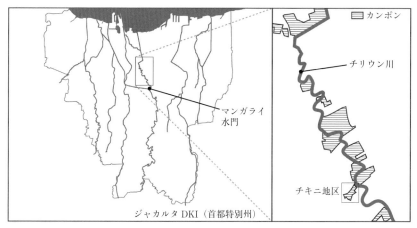

図5.9　ジャカルタの河川とチリウン川

きてしまう厄介な汚水やゴミを都市の外へと排除してきた．都市カンポンのほとんどは，昔と変わらず川に排水しているところがほとんどである．上流域にたっぷりの雨が降ることにより，川の流量のみならず豊富な地下水が維持されてきた．

　多雨なくして巨大都市ジャカルタは成り立たない半面，河川が暴れることで大きな損害を受けてきた（図5.10）．大雨による被害が，近年激甚化し，ジャカルタ広域都市圏の各市当局は手を焼いている．洪水が起こると，水が汚ないことにより下痢や高熱をともなう感染症が蔓延しやすい．

　また，昔より川の流水量が増えたという．「ボゴールの高地，プンチャックとチャンジュールが開発されたこと」と関係が深い．流量が増えたのに，流水断面が小さくなっている．チリウン川上流の山地部では，かつての森林を切り開いて，お茶や野菜のプランテーションが行われ，斜面から土砂が流出するようになった．流出した土砂は河川が扇状地に入って流速が低下する下流の河床に堆積していく．

　また，上中流域において，自然的な土地被覆が失われ，透水性の低い人工的な土地被覆が増える一途だ．1930年と比較して，1970年の土地利用では，森林面積が減少し，かわりに市街地面積だけでなく都市人口を養うための水田面積

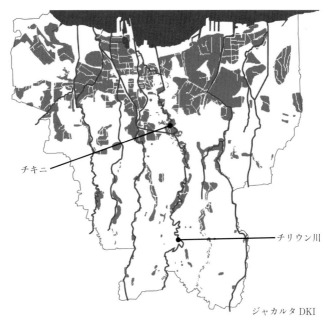

図 5.10　2002 年洪水時の氾濫域

も増加した．水田は畔を有し，雨水の貯水機能を持っているため，流水量の増減が相殺されたかたちになっていた．しかし，1970 年から 2000 年にかけては，今度は水田が減少した．水田は平坦で開発しやすいためである．そして，市街地が加速度的に増加している．洪水流出率の高いアスファルト表面が増加するとともに，貯水機能を持つ水田が減少し，洪水リスクの増大に拍車をかけている．水田が減ると，溜池も適切に管理されなくなる．

　河川が氾濫しやすくなってきた．ジャカルタが人口集積を高めるにしたがって，川沿いにはインフォーマル集住地が形成されてきた．掘建て小屋を建てることで天然の土手を浸食し，氾濫を助長してしまう．土手を占拠したスクオット地区を撤去して護岸整備してきたが，その護岸の上にいつのまにかまたスクオット地区ができてくる．チキニでは，病院付属施設の裏手でチリウン川の土手にスクオット地区が増殖し，100 戸ほどの集積にまでなった．1973 年護岸工事にともない強制立退きさせられた．しかし，2003 年ごろから再び護岸にイ

ンフォーマルな集住が生じ始め，すでに40戸以上になっている．護岸のインフォーマルな構築物が障害となって，河川の通水能力を低下させ，氾濫の呼び水となる．

家庭から出るゴミが大量に河川へと流入している．とくに大雨になると，河原に建つインフォーマルな建物まで巻き込んで，大量のゴミとともに水が流れ下る．水門など水利構造物が塞き止められ，水門手前一帯で氾濫が生じる．

市当局が，インフォーマルな「河原者」たちに水害激甚化の罪を負わせて，手っ取り早く解決策を提示しようとするのに対して，立退きを迫られた人たちは「本当の原因は近隣の河川流域に建てられた高級マンションやゴルフクラブではないか」と憤慨している．洪水増加の要因は気候変動にまでおよび，複合的である．

巨大都市ジャカルタを脅かす水は，河川の氾濫だけではない．海水面上昇もある．気候変動によりもたらされ，近い将来，ほぼ確実に現実のものとなる．WWFレポートによると，脆弱性の高さは，ダッカ（バングラデシュ）に次いでジャカルタがマニラと同列で2位となっている．1位のダッカより，湛水の見込まれる範囲の人口や経済活動の集積度が高いため，経済社会的損失は，ダッカを上回り，最高ランク10と警告されている．2050年までに海辺に近い160 km^{2}が湛水すると見込まれている（図5.11）．

都市的土地利用が増え雨水が浸透しにくくなる一方で，依然として地下水を大量に汲み上げているため，地盤沈下が進行している．地盤沈下は海水面上昇による損害を拡大する．

降雨量の多い南の山間部が，遠い昔からジャカルタの水瓶を補給し続けてきた．おかげで，ジャカルタの地に暮らしてきた人たちは，地下水から水を得て，川に雨水や汚水の排水を流してきた．ところが，巨大都市ジャカルタの圧倒的な人口集積と経済開発は，今やこの大きな水循環の収容力を超えてしまっている（図5.12）．

ジャカルタを貫流する河川の多くが水質問題を抱えており，上水利用のための水質基準を満たさない．現状では上水のうち80%はジャカルタの東に位置するチタルム川流域から取水されている[5]．地下水は残り20%をまかなっているに過ぎない．

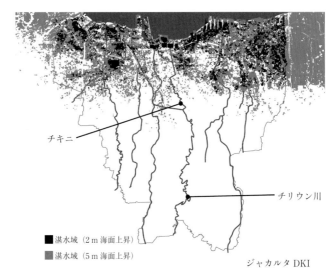

図 5.11　海水面上昇による湛水域

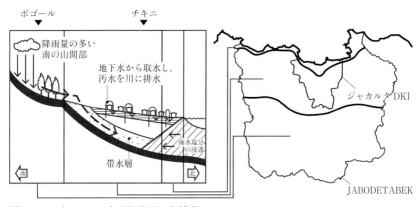

図 5.12　ジャカルタ広域都市圏の水循環
出典：1980年空間計画をもとにチキニプロジェクトチーム作成

5.3.2　トイレ：チリウン川・ゲテックとヘリコプター

　カンポンの人たちは，伝統的に川で用を足してきた．川に出向いて排泄し，屎尿を川に流してきた．大きな河川にちょこっと板を張り出して半囲いされて

いるトイレもあれば，ゲテックという筏トイレもある．チリウン源流に近い山間の集落では，清流の上にトイレが張り出している．スティヨソ元州知事は，「チリウン川は世界最長のトイレ」といっている．冗談交じりとはいえ，2005年の発言である．チリウン川は，流域コミュニティみんなで使うトイレ空間であり，これも大きな水循環の一部だった．

　チリウン川特異の風習ではなく，インドネシアでは一般的である．水の豊富な東南アジアの風土に共通しているといっていい．日本の「厠」の語源が示す通りだ．水の流れる溝の上に設けられた厠についての記述は，『古事記』まで遡ることができる．

　チキニの集住地を縫うように，ケロンチョンとみんなが呼ぶ小川が流れている．ケロンチョン川辺からお尻を水面に突き出して用を足す子をたまに見かける．ケロンチョン川は用を足すには，格好の小川である．穴の空いた板を川に渡し，半囲いにして屋根を付ける．このかたちのトイレを，チキニの人たちは「ヘリコプター」と呼ぶ（図5.13）．以前は10を超えるヘリコプターが，ケロンチョン川に架けられていたという．ヘリコプターもまた，昔懐かしい小川の風景に欠かせない．

　井戸から水を得て生活し，湧き水が雨水を集めて下る流れに屎尿やゴミを流す――アジアモンスーン地域の水周りの原風景である．水周りはそもそも，コミュニティの空間だった．それぞれの家が個別に装備すべき設備ではなかった．

　しかし，牧歌的な水循環はとうに破綻している．現在より2桁小さい人口集積規模ならなんとかなったかもしれない．チキニに暮らす人が30-40人程度なら，井戸とヘリコプターで水循環の力に委ねてもよかったろう．しかし，東京に匹敵する3,000万人規模の人口集積を実質的に抱える巨大都市ジャカルタにあって，チリウン川が世界最長のトイレのままで許されるほど，水循環系の収容力は大きくない．

　今も昔も，上流の村もジャカルタのスラムも，排泄物やゴミを川に流してきた．廃棄に関するライフスタイルは何も違わないのに，昔より今のほうが，小さな村より都市のスラムのほうが，衛生環境が悪いのは，ひとえに密度の問題すなわち都市の問題である（UNDP, 2006）．

図5.13 ケロンチョン川に架かるヘリコプター（橋型トイレ）

5.4 高密度化過程で何が起こっているのか

5.4.1 対象とするチキニの範囲

　インドネシアでは，RW（エルウェー，Rukun Warga の略，町内会）とRT（エルテー，Rukun Tangga の略，隣組）という2層のコミュニティ単位がある．RWは複数のRTで構成されている．私たちの対象とするチキニ地区とは，ひとつのRWのなかの11個のRTを実質的に指す．このRWは，本来16のRTコミュニティで構成され，10.38 ha を占める．公表されているデータでは，2011年時点で3,786人（942世帯）が住んでいる（図5.14）．大多数の住人はジャワ人だという．データ上は400人/ha 以下であるから，高密度ではあるが，それほど極限の密度とはいえない．しかし実際は，WHOが人間的居住の限界の目安としている1,000人/ha を超えるスラム以上に高密度な印象を受ける．実際の

5 スラム化の経緯と実態，超高密度が生む知恵　　191

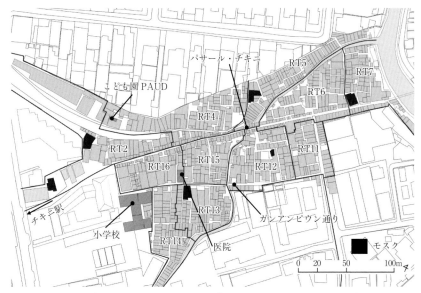

図 5.14 チキニ（行政区分上のメンテン区プガンサアン RW1 のうち，都市カンポン的集住地である 11 の RT）の所在

印象とデータのギャップが生じる理由は，次の2点が考えられる．

第1は，再開発などで RT の実態が失われているところがある点である．全 16RT とも，そもそもは都市カンポン的コミュニティだったが，うち5つの RT のエリアは再開発されて，商業施設や病院関連施設などが立地しているため，実は現在，ほとんど住人がいない．都市カンポン的界隈が残っている 11 個の RT の面積はおよそ 4 ha に限定される．

第2に，貸間の住人や居候が登録されていない．実際には，親戚の居候や小さな貸間に一時的に家族が身を寄せている状況に頻繁に遭遇するように，出入りが激しい．そこで，11 個の RT のなかでも密集度の高いと思われる RT13, 14 の 0.49 ha, 149 戸の範囲において，実際に今住んでいる人について調査を行った[6]ところ，回答の得られた 47 戸の 1 戸当たりの住人の数は 6.64 人で，10 人以上と回答した人が2割いた．登録されている住民データによると，1世帯当たり 2-3 人程度である．親戚の居候や貸間の住人が，実際に登録されている住民と同数か，それ以上いると推測できる．

以上，総合すると，4 ha の範囲に少なくとも常時 5,000 人以上の人が暮らしているとみていい．さらに，市場通り（パサール・チキニ）となっている線路跡地も 4 ha に含まれることを考慮すると，局所的には 2,000 人/ha を超え，極限の倍以上の密度におよんでいるといえる．

　首都特別州 DKI を構成する全 5 市合わせて，2,700 ほどの RW に，960 万人ほどの人が住んでいる．したがって，RW 人口は平均 3,500 人である．中心部は居住人口の少ないところもあることを考慮すると，RW がほぼ小学校区規模だと考えていい．DKI 政府の基準でスラムと見なされる RW は，2010 年時点で 418 であった．実質チキニ地区であるプガンサアン RW1 は，2008 年時点では該当していなかったが，2011 年にスラム度 3（4 段階評価で数字が大きいほど強い），2013 年にはスラム度 2 と判定されている．判定基準が公表されていないため，ここ 10 年足らずで，なぜ 1 度悪化し，その後わずかに改善したと判定されたのかはわからない．DKI 全体の傾向を見渡すと，南部の面積の大きいRW（人口密度の低い RW）でスラム改善が進んでいるところが多いのに対して，海岸沿いおよびチキニの位置するごく中心部に近い RW では，面積の小さく高密度なスラムが改善していない様子が見て取れる[7]（図 5.15）．いずれも，オランダ植民地時代のカンポンが都市化し，高密度化してスラム化したケースと考えられる．

　ジャカルタ DKI では，中央ジャカルタ市を中心に，人口減少が進んでおり中心部空洞化が顕著である．スラム化した都市カンポンを撤去して民間再開発が盛んであることも影響していると考えられる．チキニの位置するメンテン区および副区のプガンサアン単位でも，人口は減少傾向にある．趨勢が減少なのに対して，住民を把握する責任を負っている RW 長によると，プガンサアン RW1 は依然として人口増加しているという．

5.4.2　2 層のコミュニティ RW と RT

　チキニのようなインフォーマル集住地では，2 層のコミュニティ組織である RW と RT の存在がとても大きい．下位の単位である RT は，50 世帯がおおよその目安であり，50-100 世帯で構成される場合が多い．上位の RW は，複数の RT を束ねているが，チキニのあるメンテン区プガンサアン RW1 には，

図 5.15 ジャカルタ DKI 政府による地区（RW 単位）のスラム度調査（2011 年）
ジャカルタ中心部川沿いのカンポン的集住地にスラムと判定された RW が連なっている．
出典：DKI 政府提供データをもとに，M. Pitria 作成

5,000 人ほどが住んでいる．

インドネシアの RW/RT は，日本が占領期に導入した隣組組織を，1966 年以降，法的に強化したものである．RW には長をはじめ副長・会計など多くの役職があり，行政の末端機関に位置づけられている．役職は現在，またこれまでずっと男性で占められているが，法的には女性を排除するものではないという．他方，RW 単位の女性組織 PKK（Pembinaan Kesejahateraan Keluarga の略，家族福祉運動）が活発にコミュニティ活動をしている．各 RT から 2-3 名の代表で構成されている．チキニすなわちプガンサアン RW1 の PKK は 20-30 人程度から成る．公衆衛生・保健の活動ではデング熱対策が重要となっている．また，PKK の活動のもうひとつの柱は子どもにとって良好な環境を守ることだが，その中心なのが PAUD と呼ばれるこども園である．RW は，行政の末端組織として，コミュニティ自治のための予算措置を受けている．これが実質的に KIP の常置制度化であるといっていい．プガンサアン RW1 の場合は，パサール・チキニ（線路跡地の市場）を含んでいるため，全 80 ほどある店舗に，1

店舗当たり 1,000 ルピア／日課金しており，大切な収入源である．RT 単位でのコミュニティ活動は，原則として RW の了承を得ることになっているが，予算を配分されることはなく，お金が必要な場合には，活動毎に当該 RT 住人から徴収したり，独自の財源を確保しているという．

5.4.3　個人で使う空間：土地と家屋

（1）　土地保有の実態

RT13，14 を対象に行った先の調査では，家屋について尋ねている．聞くことのできた 24 軒中 22 軒は，1980 年代までに建築されていた．26 世帯中，11 世帯がここで生活するようになって 30 年以上になる．47 軒中 41 軒が持ち家だと回答した．

これとは異なる調査で，RT 長などリーダーの紹介を頼りに行ったものも，類似の傾向を示している．これは，カンポン的 RT 全 11 のうち協力の得られた 6RT の 79 世帯（全 556 世帯）を対象としたものである（Adianto et al., 2014; Adianto et al., 2016）．原則として世帯主に回答いただいたところ，回答者のうち 44 人がチキニ生まれで，34 人が 40 年以上住んでいるという．

日中チキニにいて，調査に協力し快く回答してくれる人は，概して，大家族で暮らし，親世代に相当する人が多い点を考慮する必要があるが，居住年数が長く，持ち家に住んでいる人がかなりいて，居住地として持続してきたことがうかがえる．

他方，「なぜここに住んでいるのか」最大の理由を尋ねたところ，40% 以上の人が，年齢に関係なく「他に住む場所がないから」と答えている．人が暮らす場所は，利便性や家族関係，コミュニティなどを理由によりよい場所が選ばれるというよりは，いろんな偶然が重なってある場所に住み始め，その地を離れる不可抗力や強いインセンティブがなければ惰性で住み続けるものだということを示している．

「持ち家」と返答する人は多いが，インフォーマルな所有である場合が大多数である．79 回答者のうち，1960 年制定の現行土地法上，合法的に土地所有権を持っている人は 2 名に過ぎなかった（図 5.17　現行法所有権あり）．いずれも土地を売るためか，投機的目的で土地を登記している．他方，現在の土地法

5 スラム化の経緯と実態，超高密度が生む知恵　　195

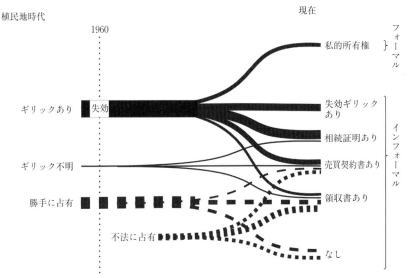

図 5.16　多様なインフォーマル土地を生んだ経緯

制ができる前から相続で土地をインフォーマルに保有したままの人が少なくない．都市カンポン居住者たちは，慣例法による土地保有を主張しているのみで現行土地法に基づいた権利を保障されていない．

　1990 年代から世界的な傾向として，セルフヘルプによる居住環境改善には，土地保有の確実性 tenure security を高めることが効果的であるという認識が広まり，土地所有権合法化を誘導する政策が各地で取られた．

　インドネシアでは独立後，1960 年に近代的な土地法が制定されるが，それまでの伝統的慣習法アダットに基づいて認められていた土地保有権ギリック girik も温存された．1976 年改正土地法により，ギリックの近代的土地所有権への移行の制度的枠組みが示されたものの，実際は難しく，結果的にギリックはインフォーマル化してしまった．他方，都市部では川の土手など，勝手に土地を占有するインフォーマルな土地保有が進み，2 種のインフォーマルに保有された土地が，相続や売買を繰り返すうちに渾然一体となり，現行法に基づかないインフォーマルに保有された大量の土地を生んでいた（図 5.16）．

　1997 年規則によって土地登記手続きのハードルは低くなり，ギリック由来

のインフォーマルな土地保有権はフォーマルな土地所有権に原則として移行できることになった．しかし都市部での土地登記は思惑どおり進んでいない．チキニ地区の場合，川の土手を勝手に占有している部分を含むRTも存在するが，多くの場合は，1960年以前の法に基づくギリックを持ち続けているか，売買により入手したギリックを持っているか，1960年以前から親が保有していた土地家屋を相続した証明があるかのいずれかである．すなわち，登記可能なギリック由来の土地保有である．また，20年以上実質保有していることをコミュニティに証明してもらうことのできるケースが多く，土地登記の基本条件は満たしている．しかしながら，居住地を選択可能なものととらえずこれまで住んできたところに当たり前のように住み続けている人にとって，土地所有合法化をしようというきっかけは見当たらない．

　もっとも，インフォーマルに土地や建物を持っている人は，いつ立退きを迫られてもおかしくない．チキニの住人たちは，立退きリスクを常に感じながら，「十分な補償を得られればいつでもここを出ていくつもりでいる」ともいう．高密度化の進んだ1960年以降を振り返ってみると，土地保有の確実性は法的に担保されないまま，長く暮らし続けてきた実態が浮彫りになってくる．仮に土地登記が進めば，立地がいいだけに土地は流動化し，かえって安定的に居住できる場所ではなくなる事態を容易に想像できる．30年以上もチキニに住み慣れた高齢の親世代が大きく生活を変えずに暮らし続けるためには，皮肉にもインフォーマルな土地保有のほうが頼りになりそうだ．

　なお，チリウン川沿いの隣接するカンポンが次々と再開発されていくなかで，チキニ地区が残っている背景には，ひとつ特殊事情が認められる．鉄道跡地だったことである．1950年代半ば廃線となり，1967年に線路が撤去された後，鉄道会社はかつて職員だった人たちに，旧鉄道用地に家屋や菜園をつくる建設許可を与えていた．チキニ地区のうち，旧鉄道敷地内に代々住んでいる人は，その権利を相続していると主張する．植民地時代の国有地であったことが，カンポンを再開発から守る砦となっているのではないかという話をよく聞く．

　また，チキニ地区の大半の底地はそもそも政府の土地だという見方もしばしば聞かれる．ギリックは，コミュニティ主義的理念を基盤とした慣習法の枠組

みにあるため，必ずしも排他的な私有財産を保証するしくみではなく，厳密には近代的土地所有権とは置換可能とはいえない．したがって，政府の土地の上に，ギリックが設定されているケースもあるようだが，必ずしもおかしいことではない．

（2） 土地の分割，不法な占有

土地や家屋の分割が高密度化と並走してきた．今では超過密な居住地となっているが，1945年独立直後は，家屋は敷地に余裕を持って建てられていた（図5.4）．1,000 m^2 にもなる大きな区画があったという．比較的古くから住んでいる8人に話を聞いたところ，周辺に親族が住んでいる場合がほとんどだった（山本，2013，図5.17 親族や親戚で住んでいる家屋群）．土地分割は，第1に相続にともなって行われてきた．第2は土地取引にともなうものである．

相続にともなう分割の場合は，密度は上がるが当初区画の一体性がある程度維持される場合が多い（図5.17 RT4, RT5 親族間で分割）．他方，田舎から遠縁の親戚が転がり込んでくることもしばしばのようで，本家が分割前区画全体に秩序を与えながらも，家屋自体が分割されたり間貸しされたりして細々と高密度化する場合も少なくない．同じように複数の親戚家族が住み貸間もできている状況であっても，土地が分割されず，当初区画を維持している例がある（図5.17 RT2, RT12 分割せず）．その場合，慣習的に本家と分家のヒエラルキーが保たれ，本家に親族共用のスペースがあり，庭も共用される（Pitria and Okehe, 2015，図5.18）．農村では大家族で集う部屋が本家にあり，共同作業を庭で行っていた．こうした風習が都市的状況に適応したものと考えられる．

他方，古くから住んでいる人でも，土地を分割し，親族ではない他人に売却したケースがかなり認められた（図5.17 RT13, RT16 分割して売却）．昔からの住人は，ジャカルタへの人口流入が続いた1970年代，80年代，広かった土地を切り売りすることで収入を得て生活資金とする例が多くみられたという．相続より土地取引による分割が進んだところのほうが，分割された土地いっぱいに家屋が建ち，まちとして建て詰まった印象が強い．隣家との関係を気にしないためだと思われる．

高密度化にさらに拍車をかけているのが，公共用地として留保されていたチ

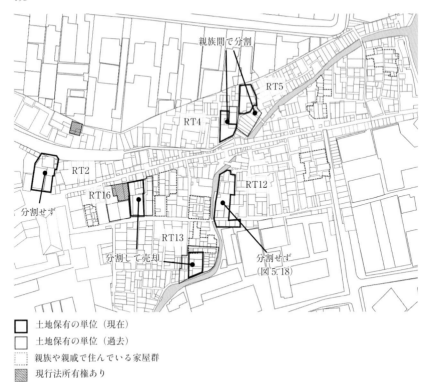

図 5.17 土地保有分割の有無，現行法所有権を有する土地
出典：山本真生，M.Pitria 作成

　リウン川およびその支流であるケロンチョン川の川辺に勝手に住み着いた人たちである．これらの土地家屋もインフォーマルな売買の対象となってきた．また，大きな土地を持っていた人が細切れにしてインフォーマルに売るケースもある．RT13, 14 が殊更高密度なのは，ちょうど人口流入初期に大規模な火災に遭ったことも無関係ではないと考えられるが，こうした悪質な細分化によるものだという．
　世界的なスラム改善の潮流は，セルフヘルプによる住環境改善が強まることを期待して，居住者に排他的な私有財産としての土地所有を認める方向である．しかし，チキニ地区を観察する限りでは，都市中心部では土地所有の合法

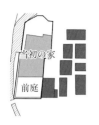   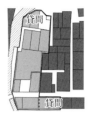

1950年代：
敷地内に空地（前庭）のある一軒家

1970年代：
家を分割・空地に増築して独立した子世帯の家を確保
前庭に増築
前庭は親戚みんなのもの

1980年代：
独立した子世帯がさらに増え前面街路の向かい側の土地を加える
前庭にさらに増築

1990年代〜：
子世帯が増えたのに対応してさらなる増築で前面道路の向かい側の土地を増やす
前庭は3度目の増築で削られながらも親戚みんなの空地として残される

□ 土地保有の区画

図5.18　分割されずに当初区画が維持されている例
(RT12分割せず) の家屋の分割・増築のプロセス
出典：M. Pitria 作成

化は，再開発を狙うデベロッパーの用地買収を容易にすることはあっても，居住環境改善の効力には大いに疑問が残る．

極限まで高密度化した状況にあっては，ギリック的慣習が残り，親族内の共用スペースを活かしているところのほうが空地や緑地が残され，高密度でも比較的良好な環境が維持されている．共用スペースをうまく活用すれば，高密度でも個人の利用できる空間は広がる．

(3) 増改築

「チキニ地区の人たちは，驚くほど頻繁に，増改築を繰り返し，少しでもましな住環境を手に入れることに余念がない」（岡部，2015）．第1の増改築のモチベーションは，床面積を増やすことである．子や孫が生まれたり，親戚が田舎から出てきたりして，手狭になり，家を増築する．既存建物の周囲に空地があれば，水平方向に平屋を足す．これが建築面積を増やし，空地を減らし，低層高密度化を招く．増築の余地がなければ，2階を建て増し，垂直方向にも建物が増殖していく．合わせて，1階部分を木造より堅牢なRC造にし，耐久性

を高めると同時に火災や洪水で家が損害を受けるリスクを減らそうとする．植民地時代は，竹や木でできた粗末な平屋が熱帯の緑のなかに建っていたが，2階建てが増え，空地がほとんどなくなった状態が，環境の悪化した低層高密度カンポンである．今では平屋が36％なのに対して2階建てが61％，3階建て以上が3％である（図5.19）．しかし，住人たちはこの状態に諦めない．さらに垂直に建て増していくことも考えられるが，セルフビルドではそう容易ではない．総面積は増やせない定常状態を前提に，様々な改築の工夫が見受けられる（吉方，2015）．

第1は，建て込んできて劣悪化した居住環境を少しでもよくする改築である．ほとんどが平屋で密集しているブロックB（RT12）（図5.19）では，間口が狭く残り3面に隣接建物が迫り環境が悪かったのに対して，奥に位置する台所や居間に天窓を開けた住戸が複数ある（図5.20）．大半の建物が2階建てで一部3階建てが混じり密集したRT7のブロックAでは，3階に届く小吹抜けを新設することで，採光と通風を確保している．（図5.21，住戸H5）

第2は，戸数を増やすための住戸分割と，1戸当たりの面積を増やすための住戸連結である．子世帯が独立したり親戚の居候が増えた場合など，住戸を複数に分割することはしばしばある．とくに増築の余地がない場合は分割以外に選択肢がない．RT12ブロックBの一角では，1960年新築当時1軒の家だったものが現在は4戸に分割されている（図5.22）．貸間の数を増やすための場合もある．いずれも高密度化による環境悪化を助長する．

他方，住戸が連結される場合もある．RT13，14のブロックCでは，子世帯の住戸（H1，H2）が親の家（H1.5）を挟んで両側にぴったり張り付いていた一角があった（図5.23）．親の死亡にともない，親の家の半分ずつを子世帯の家と連結し，面積を増やしている．

ほかに，建て詰まっていた裏側が強制立退きで突然開けて明るくなったのを受けて，通りに面していた居間を開けた裏側に移動するなど，間取りを変更する改修もある（図5.21，ブロックA，RT7，H1+2，H3）．また，近年，住戸内に浴室やトイレを新設する改修が頻繁に見受けられる（図5.23，ブロックC，RT13・14，H1，H2，H3）．

チキニの住人たちは，「建て込んできて部屋が暗くなると突然天窓を開けて

5 スラム化の経緯と実態，超高密度が生む知恵　　201

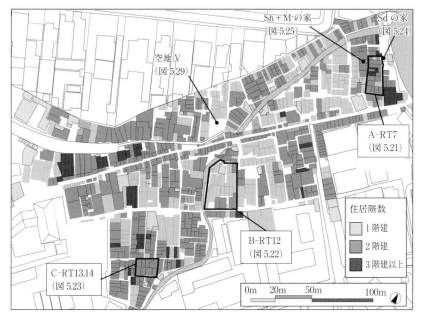

図 5.19　建物の階数，家屋群単位の増改築調査対象および極小住宅調査対象
出典：吉方祐樹作成

図 5.20　住居奥に設けられた天窓

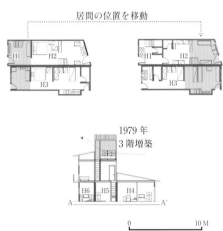

図 5.21　ブロック A-RT7
住戸 H5 では，小吹抜けをもった 3 階を増築
住戸 H1+2 と H3 では，間取りを変更
出典：吉方祐樹作成

みたかと思えば，お隣の家の上に一間アクロバティックに増築したりする」(岡部，2015)．このように，資産としての土地建物が法的に根拠を持っていないインフォーマル状態にあるからこそ，資産価値を上げることや採算性とは無関係の，純粋に生活ニーズに応えるフレキシブルな増改築ができるのだろう．

　彼らの自発的かつ旺盛な増改築は，大局的には低層のまま高密度化をもたらし，住環境の悪化の根源にほかならない．しかしながら，当事者たちはその状況をしかたないものとした上で，暮らし続け，少しでも今を快適に過ごす工夫を忘らない．

（4）　高密度カンポンで極小住宅が成り立つしくみ

　先述の RT13, 14 全 149 戸や 47 戸を対象とした調査では，32 戸が 40 m^2 以下であり，平均延べ床面積は 41.8 m^2 であった[7]．高齢の親と同居する家族が多いことを考慮すると，狭いといえる．居住者たちは，30-50 m^2 を標準的な住宅面積と認識しているようだ．

図 5.22 ブロック B-RT12 一軒家を 4 戸に分割
出典：吉方祐樹作成

しかしながら，1,000 人／ha の密度の地区では，極限まで狭小な住宅がかなり目立つ．チキニ地区の場合は，10 m² 以下の貸間が地区内にまんべんなく分布している．貸間には 2，3 人子どものいる夫婦が家族で入居していることは珍しくない．場合によっては，高齢の親も貸間一間に同居している．極小住宅は貸間とは限らず，持ち家の場合もある．RT13，14 のように土地を細切れにしてインフォーマルに売ったところや川辺をインフォーマルに占有したところでは，一間の家が細路地に面してひしめいている．

チキニ地区の住宅事例を調査したものに，極小住宅の 2 事例が含まれている（Ellisa, 2016）．第 1 の事例は，6 m² に夫婦と 3 人の子の家族 Sd が住んでいる平屋である（図 5.24）．2 つめの事例は 2 階建て（各階床面積 15 m²）の建物に階毎に異なる世帯（1 階 Sh 家，2 階 M 家）が住んでいる（図 5.25）．間口が狭く奥

　　　　浴室の専有化　　　　　　　　　　　　　　　　　　　住居連結

図 5.23　ブロック C-RT13, 14
親の家 H1.5 の半分ずつを両側の子世帯（H1, H2）と連結
H1, H2, H3 では，戸別浴室を新設
出典：吉方祐樹作成

　行きのある建物で，1 階と 2 階は急な内部階段でつながっている．したがって 2 階に住む家族は 1 階の部屋を通って自室に上がることになる．1 階に住む家族 Sh は，母娘と母の両親・母の祖母の 5 人家族である．2 階に住む家族 M は，夫婦と子 2 人に女親の 5 人家族である．各階とも 2 室あるが，3 世代居住には極小な空間である．とくに，1 階に住む家族 Sh の祖母は介助を必要としており，1 日中路地に面した一室で過ごしている．

　2 事例とも，住人たちは日中はできるだけ屋外にいる．後者の事例の 2 階に住む年老いた母親は路地に椅子を出して 1 日中過ごす．前者の事例では，日中

5 スラム化の経緯と実態，超高密度が生む知恵　　205

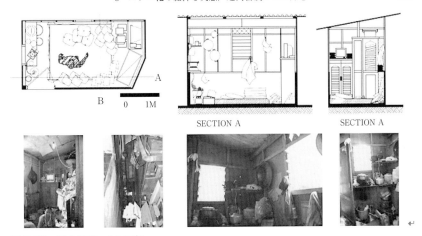

図 5.24　極小住宅　Sd の家
出典：S. Listiyamti ほか作成．(Ellisa, 2016)

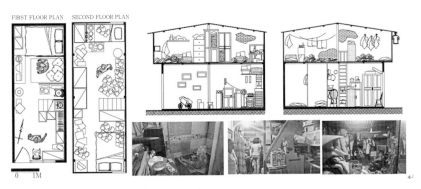

図 5.25　極小住宅　1 階 Sh 家，2 階 M 家
出典：S. Listiyamti ほか作成．(Ellisa, 2016)

　部屋にいるのは母親と一番下の赤ん坊であり，それ以外の人は外で何かしている．住宅は，夜寝に帰る場所であり，所持品をもっぱら収納しておく空間である．極小住宅は文字通り塒（ねぐら）である．生活のほとんどを家の外で送ることによってはじめて，1 人当たり $1\text{-}2\,\mathrm{m}^2$ でもそれなりに生活が成り立つ．
　これら極小住宅では，水回りは基本的に住宅内になくトイレ・沐浴・洗濯は共同水場を使う．$40\,\mathrm{m}^2$ 程度の標準的な家でも，自宅内に水回りを持たず，共

同水場を利用している場合が普通にある．日々の食べ物は料理されたものが簡単に安価で手に入るために，住宅に台所が必須ではない．

　チキニ地区では，通常は住宅の内にある機能を外にあるもので補完することによって極小住宅が成り立ち，低層高密度でも生活が辛うじて回っている．他方，土地所有を合法化することによって住人に私有財産としての土地を持たせ，セルフヘルプによる住環境改善を促す政策は，住宅に求められる機能が当然ひととおり各戸に揃っていることを前提としている．あるいは，住宅に求められる機能を揃えること自体が，居住の質の向上だと考えられているといってもいい．もっといえば，当然求められるはずの機能を備えることのできない極小劣悪住宅は淘汰されることで住環境が改善されていくというシナリオだ．

　安易な土地登記促進策は，一間の塒に暮らす家族のささやかな生活を成り立たせている絶妙な歯車を狂わせることになりかねない．

5.4.4　コミュニティで使う空間：街路と路地

(1)　張出し路地と天井路地

　外部化された住宅機能を，チキニ地区で第1に担っているのが街路と細路地のネットワークである．この界隈は，毛細血管のように細街路が張り巡らされている．夜明け前のまだ涼しい時間帯には，女性たちが軒先で料理するなど，せわしなく働いている．最も気温の上がる昼下がりになると一転，気だるい空気があたりに漂っている．

　図5.27は，典型的なチキニの細街路において，午後1時時点で，熱放射環境を測定したものである[8]．外気温は34℃なのに対して，日陰となっている過半の道路面の温度は30℃前後に抑えられている．高い塀と張り出した軒や庇によって日射が遮蔽され，過ごしやすい温熱環境となっていることがわかる．戸口の床や脇のベンチのタイル座面は30℃に届かず，外気温に比して少しひんやり感じるほどだ．おかあさんたちは，日中になっても薄暗い細街路のベンチや戸口に，小さな涼を見つけて，集いまどろんでいる．あたりを子らが元気に走り回っている．

　独立直後のチキニは，木々の豊かに繁茂する村の風情だったという．その当時のカンポンの背骨はガンアンピウン通りだった．今でもメインストリートの

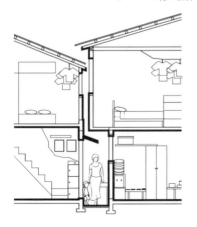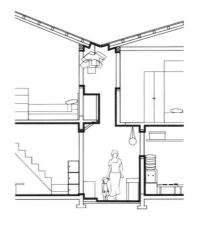

図5.26 天井路地（左）と張出し路地（右）

雰囲気を残している．ここから路地を入り，さらに細路地が枝分かれしている．個人の敷地内の庭と村の道が，高密度化した結果，血管のように太いものから細いものまで連続的に張り巡らされたネットワークになっている．

プロジェクト期間中，関係した複数の学生が，チキニの路地の虜になり，研究対象としてきた．そのひとつでは，路地を2種に分け，張出し路地と天井路地と名付けている（金指, 2012）（図5.26）．張出し路地とは，幅2m程度で，

図 5.27　チキニ細街路における熱放射環境
出典：村上暁信

路地の両側の建物の 2 階が張り出しているものである．天井路地とは，幅 1 m に満たないようなもので，面する建物の 2 階で完全に覆われている路地を指す．初めてチキニを訪れ，決まって目に留まるのが路地にぎりぎりまで張り出す 2 階である．

　天井路地は，さながら路地沿いの住人たちの共同の居間であり，共同の台所である．面する建物の 2 階の張り出しで完全に覆われている．天井路地に面する住戸は 1 間の極小住宅がほとんどであり，日中外で過ごす人たちで溢れている．薄暗くじめじめした天井路地には，揚げものをする匂いが立ち込め，女性たちの明るい笑い声が響き，子らが走り抜けていく．これらの天井路地は，本家の脇に分家を増やし，本家や分家を分割して複数住戸にし，あるいは貸間を増やしていった結果，もともとあった庭がどんどん狭められ，最終的に全住戸への最低限のアクセスをかろうじて確保する細い路地だけが残ったものである．天井路地が路地住民以外を排除することはない．行き止まりのこともある

が，張出し路地に通り抜けられたり，他の天井路地につながっているものもあって，住戸の出入り口前に散乱するサンダルを跨ぎながら，いろんな人が体を斜めにしてゆっくりすり抜けていく．

　他方，張出し路地の多くは，そもそも村の道だった．塀を回した庭付き戸建ての家が建ち並んでいたが，増築や土地分割を繰り返すうちに，ときには火災が契機となって建て詰まり，少しでも床面積を広く取ろうとして，2階部分は可能な限り張り出すようになっていった．張出し路地では，申し合わせたように，両側の建物の2階が両側から迫ってきて，わずかな隙間には洗濯物が吊るされていて，ぽたぽたと水が垂れてくる．1階レベルには，タイル貼りのベンチが壁面に張り付いている．本格的な調理場を路地に設置してお惣菜を売っている家や軒先が駄菓子屋の家がある．売り歩きが頻繁に通り，屋台もあちこちにある．

　図5.28は，実在の張出し路地の表面温度分布をシミュレーションしたものである[8]（図5.28 A．幅員1.5 m・張出しあり（現状））．設定した時刻は，午後2時で，気温は35℃を超えている．路地の幅は1.5 mであり，片側奥行き60 cmのベンチが壁面から出ているので，通行できる路面の幅は1 mに満たない．張出し路地としては道幅の狭いほうである．両側から2階がそれぞれ70 cmと60 cm張出しており，顔を突き合わせたかたちとなっている張出し部分で空はほぼ覆われ，わずか20 cmの隙間を残すのみである．このため，太陽光の直射がほとんど遮られて涼しい．直射光は道路面に届かず，外気温より5℃近く低い．他方，太陽高度が高いために，張出しが向き合った隙間から自然光が路地の底まで射し込み，絞り込まれた光が快適な環境を醸している．

　カンポン改善策として政府が優先的に進めているのが，街路を幅4 mまで拡幅する事業である．街路の移動機能を高め，火災時の延焼を防止する目的である．そこで，この張出し路地Aを基準として，ベンチを除いた道路面の幅が4 mと仮定した場合Cおよび幅員は変えずに2階張出しがない場合Bについて，同条件で表面温度分布のシミュレーションを行なってみた[8]（図5.28 B．幅員1.5 m・張出しなし，C．幅員4 m・張出しなし）．道幅を4 mに拡幅すると，道路面の温度は45℃以上になり，気温の最も上がる昼下がりには，暑くていられないことがわかる．壁に張り付いているタイルベンチの座面も40℃を超

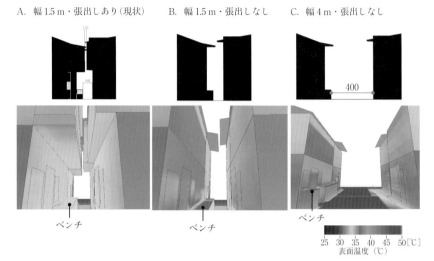

図 5.28 チキニの張出し路地における表面温度分布シミュレーション
出典：村上暁信

え，座っていられない．2階張出しなしの場合では，設定条件下では直射光を受けない道路面の温度は外気温を下回るものの，直射光に曝されるベンチ座面は45℃に迫っている．張出し路地では，道幅および2階張出しが，快適な路地空間を形成するのにきわめて合理的であることがわかった．

天井路地も張出し路地も，日中外で過ごす人たちで溢れ返っている．屋外で過ごす時間が長く，異なる家族間でも人と人の距離が否応なしに近いことは，鬱陶しいともいえるが，いい面もある．自然で親身な助け合いの関係が見られる．

第3章では，温熱環境とコミュニティの関係にについて，同じくジャカルタの中心部に位置する低層高密度居住地カンポンバリを対象として行なった調査結果を示している．カンポンバリは，チキニほど高密度の極限にはないが，この調査によると，「屋外空間の利用時間が長い住民ほどコミュニティに対する結束力が高い」ことが明らかになっている．チキニは，街路や路地の幅員が狭く，2階張出し部分でほぼ覆われていることにより，屋外で長い時間を過ごすことのできる快適な路地空間を持ち合わせている．チキニでは，こうした街路

や路地の特性が，コミュニティの維持に寄与していると推察できる．助け合いは日常的な近隣トラブルと表裏一体であるにせよ，居住歴の長い高齢者が多いことや争いごとをよしとせず穏やかに過ごすことを大切にするムスリム社会とあいまって，自然発生的な共助がセイフティネットの役割を果たしているといえる．

　路地の風景に垣間みられるこうした寛容さは，伝統的カンポンの空間利用の考え方と無関係ではないと思われる．慣習法による土地保有権であるギリックには，農村共同体を維持する基盤となる土地のマネジメントの意味合いがあった．コモンズとしての土地利用の要素もあったと考えられる．したがって，みんなで使うことは当たり前だった．現在でもRT4の市場通りとケロンチョン川が交わるあたりには，空地V（図5.19）が残されているが，これは隣接する家の保有地だという．チキニでいちばんまとまった広場的空間だった．住人たちは，「子どもの遊び場として使われていたが，近年ではバイク置き場になってしまった」と嘆く（図5.29）．天井路地が排他的でないのも寛容な土地保有の現れである．

　他方，そもそもギリックには，土地の保有権を安易によそ者に渡さない抑止的なしくみもあったらしい．土地を持っていると主張する人たちには，ギリックを持っていた親から相続した土地であることのほうが，市場で売買可能な財産権としての土地所有権に切り替えた土地より，ホンモノであるという価値観があるのかもしれない．

　土地所有の合法化策については，実態に即して所有権より利用権を前面に出して保有の確実性を担保する方法で成果を上げている国もある．所有権にせよ利用権にせよ，曖昧さをなくしてトラブルを回避し開発の効率を上げることが主眼であるため権利の排他性は同じである．しかし，共助に期待したスラム改善が成功しているのは，土地に関する権利をあいまいにしたままみんなで利用するもののために土地を提供する責任があるという慣習に乗っている場合がほとんどだ．慣習法由来のギリックは，近代的な私的所有権と異なり，共助社会を支える基盤となる土地保有権のかたちを示している．それが，KIPが成果を上げた基盤である．排他的ではなく，かつ現代都市の論理とも矛盾しない，オルタナティブな保有のかたちが果たしてあるのかどうかはわからない．ただ，

図 5.29 RT4 の空地 V（図 5.19） 広場的空間だったが，近年バイク置き場になった

そもそも互助社会に都市の持続可能性を見出そうとするのであれば，所有権が排他的であることそのものを問い直すことを含めて，オルタナティブな保有のかたちを求めるべきではないか．

(2) インフォーマル建築ルール

チキニのように高密度化した中心部に立地するカンポンでは，土地や建築に関する紛争の解決にあたって，都市計画や建築に関する法制度が助けてくれることを期待していない．土地所有権が現行法では認められていないことを知っているし，マスタープラン上は商業オフィス用途の高度開発地区となっていることを知っている．

物的環境をマネジメントするには，コミュニティ自治以外に手段がない．これまで見てきたように，極限まで高密度化したエリアの物的秩序を保つには何らかのルールを必要とする．例えば，2階の張出しは近隣のトラブルの格好の材料となりそうなことは容易に想像できる．

チキニにおいて，インフォーマル建築ルールはどのように働いているのか，調査研究した（Adianto, 2015）．対象としているのは，チリウン川沿いに位置す

5 スラム化の経緯と実態，超高密度が生む知恵

表5.1 インフォーマル建築ルールの例

目的		ルールの内容
コミュニティを危険から守る	防火	適切な電気配線を行うこと
		台所は必要最小限の設備とし狭い住戸では共用台所とすること
	井戸の水質の維持	井戸に近い家は住戸内に個人トイレを設置してはいけない
近隣トラブルを未然防止する		前面街路の半分以下か700-900 mmのうち小さい値まで張り出してよい

るRT7で，0.4 haに96世帯が暮らしている．

30年以上この地に居住している人たちの話によると，1980年代に物的環境について何らかの取り決めをする話が始まったという．急速な人口増加が進んでいる時期だった．同RTの住人で，建設業をリタイアした職人がいた．彼は住民の協力を得て，同RTの共同水場（MCK，水浴と洗濯，便所）を施工し，すでにRT内の住宅を複数建てていた．現職時代は多様な建設業の多様な専門職を経験しており，専門知識が豊富であることから，RT住民の信頼を得ていた．RTのインフラマネージャーに正式に指名されて，RT長ら主要メンバーと話し合いルールを提案したという．

ルールをつくる目的は，1) コミュニティを危険から守る，2) 近隣トラブルを未然防止する，の2点である．危険を守る観点から，優先されたのが，「防火」と「井戸の水質の維持」である．近隣調整で筆頭に上げられたのが「2階の張出し」である（表5.1）．

以上，3点のうち，「防火」に最も力点が置かれている．漏電による火災が多いことから「適切な電気配線を行うこと」．また，コンロからの出火が多いことから，「台所は必要最小限の設備とし狭い住戸では共用台所とすること」．

また，火事跡地が放置されていることについて尋ねたところ，火元の家だという．火元の家の主は，「出火した責任を取って，コミュニティに謝罪し，延焼の被害を受けた各世帯に謝罪の上，修理費用を負担すること」になっているという．しかし，この家の主はそのルールを守らず，コミュニティの了承が得られなかったために，その場で自宅を再建できないのだという．

「2階の張出し」に関しては，前面街路の半分以下か700-900 mmのうち小

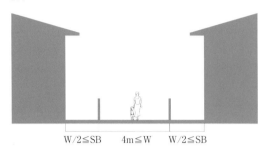
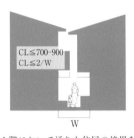

W/2≦SB　4m≦W　W/2≦SB　　　　　　　W

円滑な通行を確保するに十分な幅員 W
建物壁面 SB は W/2 セットバック

1階において通りと住居の境界を明確にすること
2階張出し CL は，全面街路幅員の 1/2 か 700-900 m のいずれのうち小さい値とすること
張出し下の日陰スペースは近隣で共用すること

図 5.30　現行法によるルール（左）と 2 階張出しに関するインフォーマル建築ルール（右）

さい値まで張り出してよいというものだった（図 5.30）．これに違反した場合は，RT で協議の上，撤去もありうる．

「井戸の水質の維持」のためには，「井戸に近い家は住戸内に個人トイレを設置してはいけない」．違反した場合には強制撤去もありうるという．

明文化されていないルールのため，他にもある可能性が高いが，たまたま聞くことのできたのは，以上 3 つである．

RT 構成員の約半数にあたる 50 人（世帯主）に尋ねたところ，ルールの存在を知っている人は 37 人だった．そのうち，実際に自分の家で建築工事を行ったときに事前相談した人は 20 人だった．

2 階張出しを採用する主な理由について尋ねたところ，「2 階の床面積を増やしたいから」と回答した人が半分を超える 26 人だった．「1 階に日陰ができるから」と回答した人が 13 人いた．個人の空間である住戸内の増床だけでなく，かなりの人がコミュニティみんなで集う街路に日陰ができることを大切に思っていることを示している．

5.4.5 コミュニティで使う空間：川とトイレ

（1） 身近な小川：チリウン支流ケロンチョン川

チキニ地区では，世界各地の超高密度スラム同様に，低層で極限の密度下の生活がぎりぎり可能なのは，各住戸が水周りを外部化していることによる．

近代の居住概念では，住宅内の蛇口を捻れば安全できれいな水が得られ，台所・トイレ・浴室・洗濯場が各住宅に設置されていることが居住の質の高さを表す．しかし，住戸ごとにトイレ・台所・浴室・洗濯場を備えようとしたら，超高密度スラムの生活は立ち行かなくなってしまう．

現代の暮らしで個々の住宅内にあって当然の〈水〉が，ここチキニでは，個人で占有する空間の外に出され，コミュニティで使う空間にある．共同井戸の水を上水として使い，汚れた水を小川に流している．小川は，チリウン支流のケロンチョン川で，密集したチキニ地区を縫うように流れ下っている．ケロンチョン川には，長さも太さも古さも様々な排水管が無数に突き出し，排水溝から濁水があちこちで流れ込んでいる．

70年前の独立直後は，ケロンチョン川沿いは，緑豊かな渓谷の風情だったという．当時，ケロンチョン川が注ぐ本流のチリウン川は，護岸整備されていなかった．川沿いの土地は，川に向かってゆるやかに傾斜しており，現在よりも川沿いの土地は広かった．やがて大都市ジャカルタへの人口流入が顕著になると，無縁の地である川辺の土手には，多くのインフォーマルな住宅が急増殖していった．

他方，昔からカンポンだったチキニは，すぐには人口増加による環境悪化に陥らなかった．ケロンチョン川は今より川幅が広く，1970年代に入っても，地区のなかの良好な自然環境が保たれた場所として残されていた．川には小型のワニが生息しているほど水質もきれいであり，木漏れ日が川面に降り注ぎ，子どもたちは川で泳いで遊んでいた．女性は集まって洗濯を行うなど，生活の水場として利用されていた．庶民的な生活感に満ちたのどかな小川の風景だったろう．川はコミュニティの日常生活の場であり，コミュニティで使う豊かな空間だった（図5.31，5.32）．

ケロンチョン川沿いの風景は，大きく様変わりしたものの，ケロンチョン川が，チキニ地区の人びとの生活を支える不可欠なインフラであることにはかわ

図 5.31　ケロンチョン川とごみ

図 5.32　ケロンチョン川沿いに残る緑

りない．ただ，コミュニティの抱える人口が膨張したことで，川の容量を超える過剰負荷がかかり，川は喘いでいる．

(2) 洪水：上流に降った雨による洪水，内水氾濫[9]

豊かに水を湛えた川は，人びとの生活に恵みをもたらす半面，災難をしばしばもたらす．チキニの人びとに話を聞いたところ，2000年代の10年間で，2002年，2005年，2007年の3回，水害に見舞われたという．ちょっとした一時的な浸水は日常茶飯事だが，これら3回は，地区に被害が出たケースである．

典型的な都市水害は，上流に降った大雨で河川が氾濫することによる．ジャカルタの場合，「雨の町」の名で知られるボゴールおよび南部に位置する山間部に降った大雨で，チリウン川をはじめとした河川が下流で氾濫し，ジャカルタ市街が浸水するというものだ．

この種の都市水害は，低いところほど浸水被害が深刻である．チリウン川沿いでチキニ地区の北側には，高さ3m以上の堤防があり，その上にはオランダ植民地時代に開発された居留地由来の計画住宅地がある．上の町より下の町であるチキニのほうが当然浸水リスクが高い．

複数の人の話を総合すると，チキニの水害は地区内で一様ではないようだ．そこで，微細なレベルの違いを把握する測量を行う一方，3回のうち最も被害の大きかった2002年について聞き取り調査により被災状況を把握した．測量結果から当時の湛水深を推計すると，地区内で最も低いケロンチョン川が蛇行しているRT13，14辺りで，1.5mを超える値が出た．これは概ね聞き取りによって得られた被害状況と合致していた．他方，ケロンチョン川がチリウン川に注ぐ河口付近では，測量結果からの推計ではわずかな湛水のはずが，実際には1.5mを超える大きな被害を受けていたことがわかった．

豪雨時チリウン川の上流・中流・下流の時間経過にともなう水深変化と付き合わせてみたところ，2002年の水害は，上流に降った大雨に起因したものではなく，市内集中豪雨に起因する洪水だった．内水氾濫が浸水を引き起こしていた．

つまりケロンチョン川河口付近RT7では，本流チリウン川の水位が急上昇したためにケロンチョン川の水が流れ込めなくなり，付近が浸水したと考えられる．また，RT13，14では，ケロンチョン川とガンアンピウン通りが交わるところに架かっている橋の下にゴミが詰まり，氾濫したと考えられる．

いずれにせよ，チキニはチリウン川沿いに連なるカンポンのなかでは，支流を抱えるなど低地にありながら，水害リスクの低いところである．都市ジャカルタは，チリウン上流域の大雨による水害により，長年，甚大な経済的損失を負ってきた．チキニは，20世紀初めに治水のためつくられたマンガライ水門に守られた中心部にある（図5.9）．現在，川沿いのカンポン的な集住地が多く残っているのは，マンガライ水門より上流であるため，これらのカンポンでは，中心部を守ることの犠牲となって大きな水害にしばしば見舞われている．ここに暮らす人たちは，マンガライ水門の水位を注視し，水門閉鎖レベルに近づくと計画的洪水がやってくると観念し，荷物をまとめて2階や屋根にのぼる．水が引くと，まちにゴミが残されていく．

水門による洪水リスク管理が，トータルには経済的損失を減らすことに貢献しているとはいえ，洪水リスク格差を広げているのも実態である．洪水を軽減するため，2014年にチリウン川の浚渫が大々的に行われた．

貧困層ほど洪水リスクが高いのは事実であり，大きな問題であることにかわりないが，彼らの適応力には目を見張るものがある．腰ぐらいまでであれば，日常的な浸水であって，普通に屋台の営業は続く．洪水の頻発するカンポンには，どこの家にもサーフボードがある．自転車の両脇にドラム缶を括り付けて水陸両用の手軽な乗り物も見かける．洪水はしばしばあることなので，例えば小学校でも休校などを一斉対応で決めずに，各自の判断で，子どもも先生も来られる人は来て，授業をするというかたちが一般的だ．

チキニの人たちは，日頃から水に浸かっては困るものはなるべく高いところに置き，浸水し始めるととりあえず駅付近まで逃げるという．そこそこの大雨の後は，まちが洗われリセットされた感じで，ゴミと汚水の悪臭が和らぎ，空気が清々しい．

(**3**) 腐敗槽処理方式のトイレ

チキニ地区では，1990年ごろまで，10ほどのヘリコプターがフル稼働し，増える人口の排泄を引き受けていた．1990年代になって，初の共同水場MCKがつくられる．政府の補助事業である．MCKとは，Mandi（沐浴）Cuci（洗濯）Kakus（トイレ）の頭文字である（図5.33）．MCKのトイレは，腐敗槽（セ

図 5.33 共同水場 MCK　Mandi（沐浴）Cuci（洗濯）Kakus（トイレ）

プティックタンク）が付いている．用の足し方は基本的にヘリコプターすなわち橋型トイレ（図 5.13）と同じである．バケツに汲み置いた水を手桶で取り，用を足した後をきれいにする．排泄物と汚れを洗い流した水が，直接川に流されるかわりに，タンク（腐敗槽）に溜まる．

　順次，MCK がヘリコプターに取って代わり，現在では全 34 ある共同トイレのうち，32 が MCK で，残る 2 カ所がヘリコプターである（図 5.34）．

　MCK の設置は RT コミュニティ主体で，政府の補助を申請して行われる．ヘリコプターを廃して MCK がつくられる場合が多かったため，ヘリコプターのあった近傍の川沿いに現在の MCK の多くが立地している．ゴミ集積所に併設されたケースもある．

　腐敗槽方式の汚水処理は，病原菌を死滅させ感染症のリスクを減らす効果が高い．嫌気性微生物に屎尿を分解してもらう方式で年中気温の高い地域には適している．他の処理方式よりシンプルでローコストで現実的であったために，今日カンポンで一般的なトイレである．

　MCK 設置を補助する政府側の意図は，カンポンの衛生状態の改善にあった．カンポンの乳幼児死亡率は高いが，水系感染症によるものがかなりあると

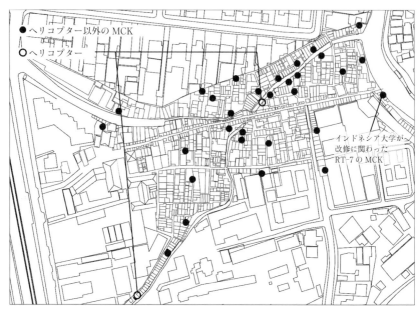

図 5.34　チキニ地区における 32 の MCK の分布と 2 カ所のヘリコプタートイレ

思われる．日常的な生活の場である川に未処理の屎尿が流されている状態では，川は病原菌をまき散らしているようなものだった．1970-80 年代，高密度化にともない，衛生状態は急速に悪化していった．

共同トイレの主流が MCK の腐敗槽付トイレになったものの，ケロンチョン川の水質改善には結びついていない．現在のケロンチョン川はどうみても下水だ．川に面している各住戸のトイレや MCK は直接汚水を川に放流している．

一見，トイレについて何らルールがあるようには見えないが，RT コミュニティではここで生活できなくなる最悪の事態を回避するために，汚水マネジメントには相当の労力を割いている．「川に面している住戸以外は，住戸内にトイレをつくってはならず，共同トイレを利用すること」というインフォーマル建築ルールがあったと聞いた．川に直接流すのであれば，路地か排水溝かはっきりしないところに汚水を直接流すよりは感染症リスクが低いという判断であろう．

汚水マネジメントにあたり，彼らがよりどころとしているのが，井戸の水質

図 5.35 2010-11 年，インドネシア大学チームが，住民と，RT7 の MCK を改修しているところ

写真提供：H. Fuad and E. Ellisa, UI

である．コミュニティの間で，これ以上井戸の水質が悪化したら，生活していけなくなるという危機感が強い．水を買うことが負担になる貧困層には，生活に不可欠な水が井戸からただで得られることの安心は大きい．総じてケロンチョン川に近い井戸の水質が悪化しているが，これはしかたないとして，比較的水質のよい井戸を守るために，「井戸の近くの家は住戸内にトイレを設置してはいけない」というルールがある．先に上げたインフォーマル建築ルールのひとつである．

　腐敗槽方式は，微生物が，沈殿した固形物をゆっくり分解していくと同時に，固形物以外は槽の壁から滲み出していくしくみになっている．それが地下水を汚染してしまう．また，大量に流れ込むと未処理のままオーバーフローする．小さな洪水の度に腐敗槽も湛水する．井戸の近くにトイレを設置しないことは合理的である．他方，プライバシー確保の要求水準が高まるなかで，実際は住戸内トイレは増えている．戸別トイレも腐敗槽付であることを条件に容認されているようだが，高密度化したカンポンの地下には，井戸と腐敗槽が密集している恐ろしい状況が容易に想像できる．先の RT7 を対象としたインフォーマル建築ルールの調査結果によると，50 人の世帯主のうち，戸別トイレを設置しない理由として，33 人が「スペースがないこと」と答え，「井戸の水質を守ること」と回答した人はわずか 8 人だった．スペース制約を主な理由と答

えた人のなかには井戸から離れたところに家のある人が含まれているとは考えられるが，戸別トイレ新設抑制ルールが一定程度実効性を上げているのは，家が狭くスペースがないという現実的制約のおかげだといえる．

　この地区は，コミュニティ自治によるインフォーマル建築ルールが良好に働いているところである．それでも，自力で実現できる個人の欲求に逆らうようなインフォーマルルールは，定着せず形骸化しやすいことを示している．

(4)　KIPと相互扶助の精神

　共同水場MCKは，1974年に始まったKIPカンポン改善プログラム[10]の一環として普及していった．

　コミュニティの自発性を尊重したKIP方式が大きな成果を上げたのは，そもそも街路や排水溝，共同トイレはコミュニティメンバーの奉仕Baktiで整備し維持管理するというインドネシア農村の慣行があったからだといわれている．ムスリム社会に根ざした相互扶助（ゴトンヨロン）の精神で，コミュニティで使う空間は，みんなでつくる慣習である．コミュニティ自治で行われる生活インフラ整備を金銭的に補助し，専門家を派遣して技術指導したわけだ．

　コミュニティ空間をみんなで充実させるにあたり相互扶助の原則は，各人が持てるものを提供するというものだ．街路や排水溝を整備するには，両側の土地保有者に土地を提供してもらわなければならない．共同水場を新設するには土地がいる．伝統的な土地保有権であるギリックには，共用施設のために土地を提供する責任が含まれている．経済的に余裕のある人は資金を提供する．体力のある者は労働力を提供する．

(5)　MCK：設置・維持管理・使われ方

　それぞれのコミュニティで話し合って，MCKをつくり，自分たちでマネジメントし，不都合があればその都度手を加えていく．30を超えるチキニのMCKも千差万別である．デザインもさることながら，使用状態や管理状態もまちまちである．

　本研究プロジェクトでチキニを対象とすることになったきっかけは，カウンターパートであるインドネシア大学が，チキニのRT7でMCK改修のプロジ

ェクトをしていたことだった (Fuad and Adianto, 2012) (図5.35). この MCK には特殊事情があった. ここは, かつて存在した100戸ほどからなる RT8 の共同トイレだった. RT8 は, チリウン川の土手をスクオットして形成された集住地であったため, 1973年護岸工事にともない強制立退きさせられ RT 自体が消滅した. しかし, 2003年ごろ, 再び護岸にインフォーマルな集住が生じ, すでに40戸以上になった. RT 区分上は現在 RT7 の一部とみなされている. 放置されていた元 RT8 の共同トイレと隣接する井戸まわりの洗い場を改修して MCK とするプロジェクトである.

大学側は RT7 コミュニティと話し合い, 改修案を詰めていった. 以前は井戸のまわりで水を浴びることしかできなかったが, プライバシーを保てる沐浴室の要望が強かった. 排水溝の位置をめぐっては, 常識的には沐浴室の背面に設けるが, 話し合って手前にすることにした (Fuad and Adianto, 2012). 排泄など沐浴以外の用途で使わないように, 排水溝に何が流れ込んでいるか相互監視できるためである.

MCK をつくるプロセスでリーダー的役割を果たした人が, その後も, MCK の世話役となった. 彼が, トラブルがあったときに対応を指揮する. RT の役職ではなく, インフォーマルなポストである. MCK に近い5軒ほどの家の人がなんとなく MCK に目配りし, 日に何度かモップをかける.

朝4-5時, お祈りの前に, 未明の MCK は, 沐浴する男たちでにぎわう. 日中は女性たちが集って洗濯をしたり皿洗いをしたりしている. 脇で小さい子がおままごとをして遊んでいる.

MCK は, 他の RT の人や外来者にも開かれている. 天井路地と同様, 底地は個人保有でもコミュニティで使う空間である.

一般に, コミュニティ活動が盛んなところほど MCK がよく維持管理されている. しかしそれだけではない. 未明からみんなが寝静まるまで MCK を眺めていると, よく使われている MCK が存在することで, コミュニティの結束が強まっていると感じる (Yamashita et al., 2012). 各住戸に水周りが完備されていたら, 男たちが早朝に半裸で挨拶を交わさなくなり, 女たちは日中エンドレスな洗濯や皿洗いのかたわら井戸端で世間話をしなくなる. 水周りが MCK という共同水場であることで, 彼らは否応なしに日常的にコミュニケーションを

取っている.

　彼らにとって，生活に必要な水場を，個人の空間に見出すか，コミュニティ空間に見出すかは，選択できるものではない．お互いプライバシーの確保を大事にしながら，高密度と空間的制約からやむを得ず，共同水場をコミュニティの空間として維持している．MCKは，生活の必要に迫られて生まれたコミュニティで使う空間である．そこには，空間の質がコミュニティを左右し，コミュニティの質が空間の質を左右する相互関係が見出される．

5.4.6　多様な仕事，インフォーマルな仕事，自分仕事
（1）　多様な仕事，インフォーマルな仕事

　インフォーマル集住地で暮らしている人の多くが，屋台を引いて売り歩いたり，バイクタクシーをするなど，インフォーマルな仕事で生計を立てている．

　スラムは〈居住〉の貧困であって，経済的貧困とは同義ではない．ジャカルタに限らず，大半のスラム居住者は，インフォーマル経済で働いているが，フォーマルセクターで雇われている人の収入より所得の高い人もいる．チキニでは，インフォーマルな仕事でも経済的に豊かな人や賃金労働者もいれば，公務員など安定した職業に就いている人も散見される．インフォーマルな仕事に従事している人には確かに低所得者が多いが，彼らの目標が一様にフォーマルセクターで働き所得を上げることではない．タイのバンコクにおけるパーソナルヒストリー調査によると，一度フォーマルな仕事を経験した後，家庭状況の変化などを受けて再びインフォーマルな仕事に移ることで，自己実現に近づく行動が見られるという（遠藤，2011）．

　中心的立地に残されたカンポンの人たちは，巨大都市を支える多様なサービスの担い手でもある．富裕層に仕えるメイドは植民地時代からあるカンポン住民の仕事だ．チキニの場合は，病院など医療施設が隣接して集積しているため，病院の調理場や洗濯場で働く人，清掃員などとして働いている人も多い．

　チキニのように古くからあるカンポンが高密度化したところでは，郊外スラムより多様な仕事をしている人がいる．

　近年チキニで，とくに目立つインフォーマルな仕事が，貸間業である．中心部では，カンポン的集住地が再開発されて安価な貸間のあるエリアが狭められ

図 5.36 家族の居間で，お惣菜をつくって売る
写真提供：インドネシア大学チーム UI project team

たために，チキニのように残された高密度カンポンでは，貸間の需要が青天井だ．貸間をつくればすぐ借り手がつき，賃料は右肩上がりである．隣接する病院で働く看護師や看護を学ぶ学生が貸間を利用しており，病院従業員専用の貸間もある．家を持つ人たちは，分割して部屋を増やしたりわずかの隙間に増築したりして，貸間をつくり，収入を得ようとする．風抜き穴しかない極小な貸間が増殖し，過密化に拍車がかかっている．聞き取りによって得られる実際の居住者数は正式に登録された住民数の2倍以上だが，その差は貸間住人と推測される．

増築による増床は，主に子や孫が生まれるなど家族が増えたことに適応するためで，単に住空間を充実させるために行われることはまれだ．あるいは貸間など具体的な収入につなげようとする場合がほとんどだ．

インフォーマルな仕事には波があるため，実質専業主婦が自家製のお惣菜を自宅の軒先でちょっと売ったり，いろいろ仕事を工夫して組み合わせ，こまめに収入源を増やそうとする（図5.36）．40 m^2 の標準的な住宅にあって，日夜で空間をやりくりして，内職の仕事場を確保したり，軒先を小さな店に改造したりする．これら小さな仕事の多くは，同じコミュニティの人たちを相手にしている．

チキニでは，多くの人がコミュニティビジネスを持ち，無数のコミュニティビジネスがある．

(2) お惣菜売りとコミュニティ大工

飲食関係は，コミュニティの人相手のインフォーマルビジネスの代表格である．チキニでは，台所はあってもあまり利用されていない家が多い．他方，一家一間暮らしなのに，自宅前の路地で大鍋を火にかけ，揚げ物を大量につくっている女性がいる．パサール（市場）が近く，出来合いがすぐに手に入るために，その日食べるものをパサールや街頭で買う人が多い（図5.37）．貧困層ほど，その日食べるものを調達するのがせいいっぱいで，米を買い置きする余裕がないという．空のどんぶりを持ってパサールをぶらつけば，麺・スープ・具をそれぞれ別の店や屋台で手に入れ安価に1食分ができあがる．カンポンまるごと，大きなコミュニティキッチンである．

建設業もまた，カンポンではとても大切なコミュニティビジネスである．カンポンでは，建物は半ばセルフビルドだからである．建設業に従事する職人たちは，外で日雇い仕事をしてきて，地元カンポンでは隣人たちにセルフビルドの助言をしている．

インフォーマルな仕事に従事する人たちは，収入が不定期である．だいたい，中古建材や廃品を工夫してまずは雨風をしのげる部屋を親戚の家の隙間などにつくり，とりあえず住み始める．インフォーマル居住地では，ほとんどの家が，工事中でも住める状態になれば住み始め，いつも増改築し続けている（吉方，2015）．

少しお金に余裕ができ，時間にも余裕のあるときに，少し生活を快適にするために，少しだけ家を立派にする．やがて，1階をコンクリートとブロックにし，2階を増築する．こうして，定住しているという既成事実をつくることによって，立退きリスクを回避できると信じている一面もあるらしい．土地や家屋の保有権が法的に保障されていないから，彼らはこうして自力で保有権を担保しようとしてきたのだ．

RT7には，建設業で豊富な経験を持つリタイアした職人がいて，尊敬されている．先述のインフォーマル建築ルールを提案した人で，共同水場MCKの

5　スラム化の経緯と実態，超高密度が生む知恵　　　　　　　　227

図 5.37　パサール・チキニ，鉄道跡地のストリートマーケット

　工事は彼の仕事だ．しかし，RT7 の住人は必ずしも彼に建設を依頼しない．RT7 全 96 世帯中 50 世帯の人（原則として世帯主）に「誰に工事を依頼したか」ヒアリングしたところ，最も多かったのは，家族と隣人に手伝ってもらって自力で建てた人で 30 人に及んだ[11]．

　彼は頼りにされているだけあって，エリアマネジメントには責任を感じている．セルフビルドでも助言を求めれば，彼は快く応じてくれるらしい．建設業をリタイアした彼にとって，エリアマネジメントは，専門性を活かせる格好のコミュニティビジネスといえる．彼は，コミュニティ大工であり，コミュニティアーキテクトだ．

　なお，回答を得た 50 人中，地元職人に工事を依頼した人は 4 人だったのに対して外部職人に頼んだ人が 16 人だった．地元職人を敬遠する理由は，口うるさくて要望どおりにつくってくれないからだという．

　過半がセルフビルド建築のまちに，どうすればインフォーマル建築ルールの実効性を高められるのか．先の調査で聞いたところ，インフォーマル建築ルールを認識していると答えた 37 人中，25 人が工事見習いをすることでルールを知ったという．他方，会合で知ったと答えた人は 4 人しかいない．信頼を集める地元職人はこれまで RT7 に 4 軒の家を建築しているが，そのときにはセル

フビルドで増改築し続けている隣人が見習いにやってくる．こうして部分から全体へ，まちはなんとか秩序を保ってきた．

（3）『自分仕事』

ロバートソンは，1985 年に 21 世紀の仕事のあり方を予言している．彼は，雇用・余暇・自分仕事 ownwork の 3 つのうち，自分仕事の比重が増すと予言した．自分仕事とは，「自分自身の裁量で，自分自身の必要にあわせて，自分自身の目的を達成するために，自分自身の世帯とローカルなコミュニティで，個人および個人間ベースで働く」ことだという（ロバートソン，1988）．

「先進国において 2000 年ごろから自分仕事がマジョリティになってくる」という予言は外れている．ただ，地球規模で見れば「自分や地域にとって意味のある活動を，自身の裁量で仕事として行う」ことがマジョリティになっているというロバートソンの予言は見事に的中している．新興国や途上国の都市部では，人口が急増し，都市人口の実に過半がインフォーマルセクターで働いて暮らしている．つまり，「先進国が先行し途上国が追随する」という部分の予言が外れているだけであって，むしろ途上国が次世代の働き方を先取りしている．（岡部ほか，2014）

チキニの人たちは，「自分や地域にとって意味のある活動を，自身の裁量で」生き延びるために必死で行っている．スラムは自分仕事がマジョリティのロバートソンが予言した世界だ．インフォーマルセクターの急増殖自体は，分極化する一途の歪んだ社会の現れであり深刻な問題ではあるが，少なくとも，最も先進的な働き方が現実のものとなっているのが，大都市のスラムなのである．

日本語には，細民と貧民という言葉がある．細民はとくに差別用語として現代では消された言葉になっている．わが国の近代において，初めて貧困を取り上げた書として知られる横山源之助『日本之下層社会』（1899 年）では，細民と貧民が使い分けられている．この 2 語をスラムに当てはめれば，コミュニティ相手の自分仕事に従事する人が細民で，バイクタクシーや富裕層のメイド，病院の調理場の仕事や洗濯・清掃の仕事，建設現場の日雇いで十分な収入が得られなければ貧民である．

なるほど，資本主義的価値観からすれば，貧民は市場経済の最底辺で働く人

たちであり底上げの対象であるが，市場経済の外で働く細民は，差別の対象にしかならない．

しかし，グローバル市場経済が行き詰まりを見せている今，スラムの暮らしを見つめてみると，市場経済の最底辺を支えている貧民のセイフティネットとなっているのが細民経済すなわちインフォーマル経済だといえる．

5.5 高密度化への適応の知恵に潜在する低環境負荷のライフスタイル

本章では，チキニで，外在する要因により高密度化しスラム化する過程で，何が起こってきたかを見てきた．高密度化に反応あるいは順応し，巧妙に適応してきたようすがわかった．

ジャカルタは，1年を通して温暖で水が豊富であり，いつでも米が穫れる一方，疫病と水害に常に脅かされてきた土地である．こうした風土に育まれたコミュニティの営みがイスラム教と出合い，インドネシアのムスリム社会に互助の精神が綿々と受け継がれてきた．それに即応してコミュニティ本位の土地保有制度が慣習的に支持されてきた．ここチキニでは，川に近い4 haの土地に，自然の恵みときまぐれに翻弄されながら20-30人が長らく暮らしていた．カンポン由来の知恵が，都市化と高密度化が進むなかで，適応を繰り返しつつ，大きく変わらない都市組織とともに受け継がれてきた．

人口が100倍に増え，極限状態の今，近代居住の概念からすれば生活が立ち行かない密度にあっても，カンポン由来の適応の知恵を発揮してかろうじて生活が回り，環境負荷の小さいライフスタイルになっている．そこに，高密度に集まって住むことによる環境負荷低減のヒントがあるのではないか．物的環境，社会，経済の各側面から探ってみよう．

物的環境：空間のシェアを強いられる環境

個人で使う空間（土地・建物）については，高密度化プロセスで，土地が相続にあたって分割され，建物は増改築されてきた．土地所有の明確化を徹底しようとする政府の思惑どおりにいかず，大半がインフォーマルで曖昧な土地保有のままだ．総体としては，高密度化が環境悪化を招いているなかで，おおら

かな共用空間が残され，環境悪化を踏みとどまらせている．これらの共用空間は，インフォーマルなしくみのなかに高密度化してもなお慣習的な土地保有のルールが部分的に生き延びていることによると推察された．親族内の共用スペースを活かしているところのほうが空地や緑地が残され，高密度でも比較的良好な環境を維持できている．低層高密度・低環境負荷のライフスタイルで快適に過ごす知恵の一端である．

他方，高密度化したカンポン集住地では，電気以外設備のなにもない6畳一間に5人を超える家族が暮らすことも珍しくない．それらは貸間の場合も多い．これら極小住宅でかろうじて生活が成り立っているのは，通常は住宅の内にある機能を外にあるもので補完しているからだ．路地が隣人共用の居間であり，キッチンでもある．高密度化に強いられたこととはいえ，空間をシェアするコンパクトなライフスタイルには，環境負荷低減のヒントがある．

社会：否応なしにつながる人たち

建て詰まって細路地化し，両側から張り出した2階にほぼ覆われている薄暗い路地は，日向より過ごしやすく風が抜けると心地よい．コンロやベンチの配置には，ここに暮らす人たちの試行錯誤の結果，ある種の合理性を見出しているように思われる．強いられた環境負荷の小さいライフスタイルが認められる．隣人が肩を寄せ合って日中過ごす路地では，隣人の目があるため，幼い子にとって安心な環境だ．半面，濃密な近所付き合いから逃れようがない．

共用の井戸端で，早朝モスクに行く前に，男たちは沐浴する．毎朝の裸の付き合いがコミュニティの結束を否応なしに強くする．男たちがモスクへ行くと，女たちが洗濯籠を持ってやってくる．井戸端の洗濯風景は，賑やかで笑い声が絶えない．

経済：生き抜くためのコミュニティビジネス

ここで生活する人の多くは，生業を持っている．バイクタクシーや屋台，清掃や廃棄物リサイクルなどメガシティの膨大なサービス需要を底辺で支えている一方で，日中もカンポン集住地に留まっている人たちもまた，インフォーマルな仕事を持っている．お惣菜をつくって近隣の人たちに売ったり，コミュニ

ティ内で小さな仕事をしている人がほとんどだ．それらのコミュニティビジネスのおかげで，余力がなくてその日食べるものを求めるのに精一杯の人でも，安価に暮らしていけるし，コミュニティ内で小さな仕事を得る機会が多い．経済水準が低く不安定な収入でも，突然生存の危機に直結するような不安を和らげるような，互助コミュニティによるセイフティネットが機能している．小さなもののやりくりがコミュニティで回っていることによって，無駄に廃棄されることの少ないライフスタイルが，コミュニティ単位でできている．

いずれも，環境負荷低減のライフスタイルが，高密度化に強いられて絞り出されていることがわかる．

一般的に，今日のチキニが抱えるような過密に起因する典型的な住環境問題に対して，近代都市計画の教科書的な解決策は，いうまでもなく高層化である．同じ面積に同じ人数が住まうとした場合，高層化することで，第1に居住可能な容積が増え，1人当たりの占有面積を増やせる．第2にオープンスペースをより多くとることができ，通風と採光が改善され健康的な住環境が実現する．緑豊かな住環境がかなう．

半面，高層化により失われるものも見逃せない．高層化では，現在の都市組織のリセットが不可避となる．近代的で快適な居住環境に刷新された暁に，今暮らしている人たちが再居住する保障はない．高密度カンポンをアフォーダブル（適正価格）住宅に建て替えたところでは，再居住がスムーズにいっても過半は他所に移る．また，互助コミュニティによる社会的安心や環境負荷の小さいライフスタイルも失われてしまう．

カンポン的生活に培われてきた高密度に暮らす知恵は，既存都市組織に刻み込まれている．これを残すことでライフスタイルを大きく変えずに，居住環境を改善することはできないだろうか――第4章で述べた実践と本章で扱った調査研究を行き来しながら考え続けたことだった．（岡部明子／吉田貢士／村上暁信／エファワニ・エリサ／ジョコ・アディアント）

注
(1) 2011年度以降，千葉大学，東京大学，東京理科大学の学生も卒業研究・修士研究のテーマとして取り組んできた．またインドネシア大学チームが，継続的にフィ

ールド研究を行ってきた．
(2) urban tissue/fabric．街路のパターンや敷地割りなど都市の骨組となる物的構成要素の総体．
(3) 本プロジェクトメンバー松田浩子によるチキニ地区歴史調査資料．
(4) 'Household, chemical waste pollutes rivers' *the Jakarta Post* 2001/08/20 http://www.thejakartapost.com/news/2001/08/20/household-chemical-waste-pollutes-rivers.html
(5) 取水量は 16 m^3/s とされ，1人当たり水使用量を 180 L/人/日とすれば 770 万人分の上水が他流域から供給されている．
(6) 林憲吾らによる調査（2011 年）．
(7) Evaluasi Rukun Warga (RW) Kumuh, DKI Jakarta 2013.
(8) 本地球研メガシティプロジェクトとの一環として，村上暁信ほかが 2011 年にチキニで行なった調査研究による．
(9) 2011 年，本プロジェクトメンバー吉田貢士らによるフィールド調査による．
(10) KIP カンポン改善プログラムについては，「3.1.3 カンポンの歴史」を参照のこと．
(11) Joko Adianto の実施した調査による．

参考文献

Adianto, J., Okabe, A., and Ellisa, E. (2014). The Informal Area Management in Slum Settlement: Case Study in Cikini Kramat Area, Jakarta, Indonesia, *ISCP2014* (International Symposium on City Planning 2014) 発表論文．

Adianto, J., Okabe, A., Ellisa, E., and Shima, N. (2016). The Tenure Security and its Implication to Self-Help Housing Improvements in the Urban Kampong: Through the Case of Kampong Cikini, Jakarta *URPR* 3, 50-65.

Adianto, J. (2015). The Diminution Factors and Improvement of Unwritten Shared Rules in Kampong Cikini, Jakarta, 未定稿．

Ellisa, E. (2016). Coping with Crowding in High-Density Kampung Housing of Jakarta *Archnet-IJAR* 10(1) 195-212.

Fuad, A. H., and Adianto, J. (2012). Design Learning through Participatory Improvement Sanitation Facility Project in Cikini Kramat Area, Central Jakarta, *IJJSS* 2012 Chiba.

Pitria, M., and Okabe, A. (2015). Strategy of Kinship Based Living Spaces to Deal with High Density Population in Urban Kampung, A Case Study in Kampung Cikini, Jakarta, Indonesia, 2015 年度日本建築学会大会発表論文．

Silver, C. (2008). *Planning the Megacity: Jakarta in the Twentieth Century*, Routledge.

UNDP/United Nations Development Programme (2006). Human Development Report 2006.(水危機神話を越えて:水資源をめぐる権力闘争と貧困,グローバルな課題)

UN-Habitat (2009). *Planning Sustainable Cities; Policy Directions*.

Yamamoto, M., Yamashita, T., Okabe, A., and Shima, N. (2012). Historical Configuration Process of Urban Kampung, A Case Study of Cikini-Ampiun in Jakarta, Indonesia, *10th ACP 2012*, 70-79.

Yamashita, T., Yamamoto, M., Shima, N., and Okabe, A. (2012). Community Management of Public Water Facility, MCK through a case of Cikini-Ampiun in Jakarta, *10th ACP 2012*, 60-69.

遠藤環(2011).都市を生きる人々,京都大学学術出版会.

岡部明子/内山博文/大島芳彦/林厚見/松村秀一(2014).ラウンンド1東京①:人材・デザイン・エリアマネジメント,松村秀一(編)場の産業実践論,彰国社,11-68.

岡部明子(2015).リノベ道楽だからできること,地域開発,605,11-15.

金指大地(2012).都市の「余白」:ジャカルタの高密度居住地域における屋外空間の構成とその利用,修士論文(東京大学).

布野修司(1985).スラムとうさぎ小屋,青弓社.

山本真生(2013).ジャカルタにおける都市カンポンの空間構成の形成過程に関する研究:チキニ地区を対象として,2012年度修士論文(千葉大学).

吉方祐樹(2015).高密度インフォーマル居住区における住居増改築過程と住要求に関する研究:ジャカルタ・チキニ地区を事例として,2014年度修士論文(千葉大学).

ロバートソン,J.小池和子(訳)(1988).未来の仕事,勁草書房.

6 ラディカル・インクリメンタリズム

6.1 はじめに

　私たちは，気候変動と貧困双方の問題に同時に取り組む道を求めて，「現代スラムが地球を救う」シナリオがあるはずという仮説を立てた．そして，チキニプロジェクトでは，ゴールへの筋書きが見えないままに，エリアを現代スラムに特定したミクロ介入の実践を行った．

　実践にあたっては，既存物的環境[1]を尊重することで，近代都市計画のオルタナティブとなるアプローチに徹した．既存物的環境には，地球環境負荷の小さい豊かなライフスタイルが潜在しているという仮説である．実践していると，目先の切実な問題にとらわれすぎてとかく近視眼的になる．そこの場所の課題群をグローバルな文脈でとらえることを努めて意識した．チキニプロジェクトにおける実践の試行錯誤は，第4章の実践記録にあるとおり，スラム発案の気候変動と貧困双方同時に取り組む方策への道を求める思索のプロセスでもあった．並行して，第5章で詳述したように，チキニをフィールドに，実践から見えてきた課題を調査研究し，高密度化への適応の実態について明らかにしてきた．

　実践と研究を行き来して進めてきたプロジェクトを改めて振り返ると，3つのキーワードが浮彫りになった．第1が〈統合的アプローチ〉であり，環境・社会・経済の諸問題を統合的にとらえることである．そして第2が，ミクロ介入の実践をインクリメンタル（漸進的）に展開していくこと．〈インクリメンタリズム〉である．とはいえインクリメンタルにとどまらず，ラディカルな発想を忘れないこと．インクリメンタルとは撞着の〈ラディカル〉が第3のキーワ

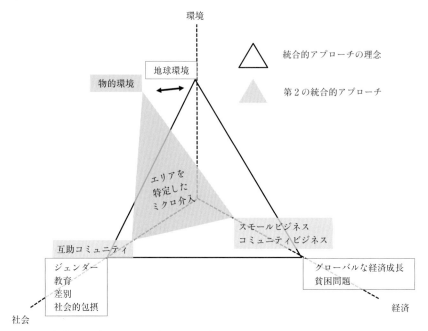

図 6.1 統合的アプローチの理念とミクロ介入の実践

ードである．

　第1の〈統合的アプローチ〉には2種ある（図6.1）．実際に実践するにあたっては，ミクロ介入する対象「今ここ」に，多様な問題を統合する意味での，物的環境・社会・経済の統合の視点を持つ〈第2の統合的アプローチ〉．しかし，一般に環境・社会・経済の統合という場合には，地球環境・社会・経済の統合を意味する．これが，統合的アプローチの理念であり，こちらが環境問題を論じるときには主流である．「現代スラムが地球を救う」論理に至るには，2つめの統合的アプローチが欠かせない．

　第2は，基調としての〈インクリメンタリズム〉であり，「今ここ」をよりどころにしてミクロ介入していくことによって従来型の都市計画の限界を超えることである．チキニプロジェクトでは，今ここに暮らす人たちの考え方や既存都市組織から，次の一手となる物的介入を提案してきた．だが，「今ここ」

をただ愚直に大切にするだけでは，デクリメンタルすなわち減衰的に陥るのは必至だ．そこで求められるのが，「今ここ」の課題を，長い時間軸の連鎖とグローバルな文脈で捉えるラディカルな視点である．第3のキーワードは〈ラディカル〉である．

私たちの試行錯誤のプロセスが行き着いた先は〈統合的アプローチ〉の〈ラディカル・インクリメンタリズム〉であった．

本章ではまず，プロジェクトの背景としての仮説である「現代スラムが地球を救う」とはどういうことなのか，より具体的なイメージを持った上で，3つのキーワードを軸に，チキニプロジェクトとは何だったのかを総括し，その経験から見えてきたラディカル・インクリメンタリズムの「その先」を見据えたい．

6.2 現代スラムが地球を救うという論理

第2章で見てきたとおり，貧困・気候変動・都市の三者の相互関係がどう推移してきたかを考察し，「都市」が貧困と気候変動双方のカギを握っており，都市のなかで戦略的な要に位置するのが現代スラムであるという結論に至った．では，具体的に「現代スラムが地球を救う」とはどういうことなのか，どんなイメージなのか．

6.2.1 ダーラヴィを巡る議論

グローバル化する資本主義社会の市場競争下にあって，急成長する現代都市にスラムが生成するのは不可避である．周辺部に新たなスラムが生成する一方，中心部にあって一定の条件が重なった集住地は，ねらいうちされて高密度化しスラム化する．

巨大スラムが，メガシティに抱える途方もないスケールの貧困を象徴している．その代表例が第1章で言及したムンバイのダーラヴィである．ダーラヴィには，175 ha におよそ60万人が暮らしているといわれ，密度は3,400人／haであり，極限をはるかに超えている．

巨大スラムにひしめく人間模様の迫力は，小説の舞台となり映画化され，ジ

ャーナリスティックに取り上げられることは多かったが，あまり研究されてこなかった．ダーラヴィに関する数少ない研究成果として，L・ワインシュタインの著書『長持ちするスラム：グローバル化するムンバイにおけるダーラヴィと住み続ける権利』(Weinstein, 2014) がある．本書によると，ダーラヴィはそもそも島で，政府の政策で貧困層にあてがわれた場所だった．1970-80 年代，世界銀行主導のスラム改善が試みられたがうまくいかなかった．インドネシア KIP と同時期の失敗例である．

　第1章で述べたように，多種多様な製造業が連携し，一間の極小工場は1万 5,000 にものぼり，仕事も日常生活もほぼダーラヴィ域内でこと足りる．トイレなどは共用．個人や家族は極小の一間で慎ましく生活しており，地球環境負荷の小さなライフスタイルである．他方，島であったことが示すように，低地で気候変動リスクが高い．以前はスラムを容認する寛容な世論があったが，近年は風向きが変わってきたという．製造業を都市部から排除する政策と相まって，ここで生活し続ける権利が脅かされている．成長著しいムンバイは，世界有数の家賃の高さで知られる都市であり，その中心部にぽっかりと残されたダーラヴィは，デベロッパーに狙われている．

　イギリスのチャールズ皇太子は，2003 年ダーラヴィを訪れている．そして後の講演で，「ダーラヴィの町には通底する不文律のデザインルールを見出せます．それが無意識に歩いて暮らせる用途混在の町で，地域の気候と材料に適応した町をつくっています」と述べている．先進諸国の都市がその魅力をさらに磨こうとして目指していてもなかなかうまくいかないことが，ここダーラヴィでは当たり前にできていることに，彼は驚嘆を隠さない．ダーラヴィは確かに，にぎわいのあるカーフリーシティである．

　また，人間の持っている自己組織化の潜在力を示すものとして，所有権や敷地境界や共同トイレ使用のルールがそれなりに存在し機能しており，公的なゴミ収集はなくても徹底したリサイクルが行われていることを指摘している (Wales, 2010)．ダーラヴィの域内プラスチックのリサイクル率は 80% にもなるという．有形の自己組織化により不文律の建築ルールに則った物的環境が形成され，無形の自己組織化により互助コミュニティが構築されている．食料品や屋台のお惣菜など住人向けのコミュニティビジネスが域内で回っている．自

己組織化の文脈のなかに，人はそれぞれ自力で生業を見出したり，創り出したりして，生計を立てている．

　チャールズ皇太子のダーラヴィ所感は，スラムの知恵や潜在力に可能性を見出す大きなきっかけを与えた．ダーラヴィに，先進諸国都市が目指していながら達成できていない状況が実現しているからといって，当然ながらモデル都市とは直ちにいえない．現代社会の矛盾に起因するあまりにも多くの難題を抱えている．

　それでもなお，自己組織力で 50 万人を超える規模の集積が成り立っていることは驚異といわざるをえない．ダーラヴィは，困難な問題をこれまで創造的に解決し，ともかく存続してきた．「現代スラムが地球を救う」というのもあながち荒唐無稽ではないかもしれないと思えてくる．少なくとも，ダーラヴィの経験は，人間の自己組織化の力を信頼してはじめて可能になる都市のマネジメントがあることを教えてくれている．

6.2.2　カンポンのポテンシャル

　ジャカルタの場合，激動する巨大都市にあって，自然発生的なカンポンの既存都市組織を 100 年にわたって変えていない集住地が温存されてきた．そうしたカンポン集住地が高密度化の波を受けスラム化してきた．私たちのチキニプロジェクトの対象地はその典型である．5.4 で見てきたように，昔からあるカンポンの人たちは，共同体主義的な慣習を展開させて，高密度化にかなり巧妙に適応してきたようすがうかがえる．近代的な基準からすると，人口密度をはじめ居住条件がそれほどよくないところでも，満足して暮らしていたりする．とうてい暮らせそうにない劣悪な環境を，何とか生き抜いている．5.5 で示したとおり，彼らは地球環境負荷の比較的小さいライフスタイルを持っている．

　地球環境負荷を必ずしも増やさなくても，生活満足度を高めるヒントが現代スラムにあるのではないか――現代スラムに地球を救うポテンシャルがあるかもしれないという手応えを得た．他方，彼らは，低湿地など気候変動リスクの高いところで暮らしている場合が少なくない．気候変動緩和の面のみならず，適応策においても現代スラムは都市の要に位置している．

6.3　2種の統合的アプローチ

6.3.1　疲弊地区再生のバルセロナモデル

　統合的アプローチが，都市計画のオルタナティブとして注目されるきっかけとなったのが，欧州都市の疲弊地区再生である．欧州都市の疲弊地区問題は，解決が切望されていながら，従来型の分野別の政策では何をしてもまるで効果が見えなかったが，統合的アプローチで小さな希望を見出した．なかでも，バルセロナの疲弊地区再生は，バルセロナモデルと呼ばれ，欧州のみならずラテンアメリカのスラム改善にも影響を与えた．

　1960-70年代，欧州都市の多くでは，モータリゼーションに適応できず疲弊した中途半端な旧市街地を一掃して再開発していった．しかしながらバルセロナではそれがなかった．フランコ独裁期にあたり，本格的な都市公共事業が行われなかったためである．都市観光スポットとなっている歴史地区に隣接する旧市街のラバル地区は，疲弊するがままに放置されていた．ラバル地区は数世紀にわたって囲壁内にありながら市外とされてきたために，病院や慈善施設など迷惑施設が立地し，非常時の食料確保のため農地が残されてきた．やがて港湾日雇い労働者の安宿と売春宿が混在するいかがわしい界隈となり，近年になって移民を受け入れるまちとなった．劣悪な環境のため，中心的立地にありながら経済水準が低くても暮らすことができる．失業者や移民の不穏なまちのイメージが定着していた．

　バルセロナでは，1980年代になって民主化政府が本格的に始動した．しかし，40年他都市に遅れ劣った都市開発を力技で取り戻すには，新生市当局に予算もなく，市民との信頼関係もなかった．フランコ体制崩壊前夜，近隣に公共空間を求める市民運動が盛り上がりを見せていたのに呼応して，市当局は，公共空間を創出するミクロ介入から着手した．凍結保存されていたかのような旧市街では，老朽化した建物を撤去することで辻広場をつくり，過密で薄暗い路地裏に陽が差すようになった（阿部, 2009）．戦略的に公共空間をちりばめ地区イメージが変わったことで，他地区に住む市民も訪れるようになり，都市全体に再生への機運が少しずつ高まっていった．しかも，まちのかたちも建物も

大きく変わらないため，それまでこの地区に暮らしていた低所得者層の人たちも，少しよくなった環境に住み続けられた．

多くの欧州都市が，中心部旧市街の疲弊地区をクリアランスして再開発したことにより，問題を郊外に飛び火させ，より解決困難な状況に陥っていた最中，バルセロナは一周遅れの都市デザインで，中心部の疲弊地区にターゲットを特定し，そこに暮らす人たちを含めエリアまるごとその場で再生する統合的アプローチで挑んだ（岡部，2010）．どこの都市も従来型の対策では改善しない疲弊地区問題に頭を抱えていたが，バルセロナがエリアを定めたミクロ介入で難題に風穴を空けたことで，疲弊地区再生のモデルといわれるようになった．

6.3.2　分野別対策から統合的アプローチへ

近代以降の政策は，分野別に各種政策の方針を定め，それを適用することで社会秩序を維持してきた．例えば，住宅政策は誰もが健康的かつ文化的に暮らすために十分な居住空間が行き渡ることを使命とし，雇用政策では誰もが持てる能力を発揮して働ける社会の実現を目指し，福祉政策では高齢や障害，病気や失業など，さまざまな条件が重なって自立して人間的な生活を保つことのできない人たちも安心して暮らせる，支えあう社会のしくみをつくってきた．

バルセロナのラバル地区に住む人たちも，さまざまな政策の恩恵を受けて，問題を克服する道があるはずだった．

ソーシャルハウジングに優先的に入居すれば，劣悪な居住環境を脱することができると思われた．しかし，立地の悪い周縁部に大量に提供された郊外住宅に貧困層ばかりが住むことで中心的立地の疲弊地区に住んでいるとき以上に社会的孤立を深めていった．産業振興により雇用機会が創出されてきた．しかし，欧州都市では，十分な教育を受けていない移民をはじめとした疲弊地区住民の多くには就労の道は見えてこなかった．そもそも，脱工業化で失業率は高止まりしている．第2章において述べたように，クリアランス型現代スラム解消策が思惑どおりの成果を上げられなかったのと同根の課題である．先進国都市の疲弊地区も，途上国都市の現代スラムも，複合的な問題を抱え，物的環境・社会・経済の悪循環に陥っている（図6.2）．

少なくとも，セーフティーネットである福祉政策で生活保護を受けること

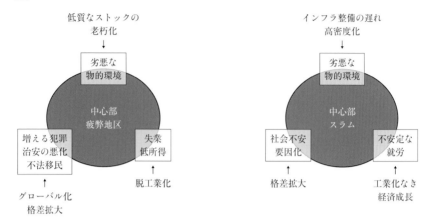

図 6.2 統合的アプローチの求められる背景：物的環境・社会・経済の悪循環

で，明日のパンに困る事態が回避され長期的に人生を考えられるはずだった．しかし，一度もまともに働いたことのない若者が生活保護に安住すると，時代に失望し，犯罪を犯すことでせめて自己の存在を確認し，麻薬の力を借りて現実逃避するようになった．さらには，疲弊地区では，これら政策の蚊帳の外にいる不法移民の割合が高い．

このように，分野別の従来型課題解決策では，疲弊地区に暮らす人たちの多くが抱える問題を解決することができずにいた．

これは，つきつめれば，グローバルな社会経済の構造的問題であり，一国の経済活動の規模を拡大する産業振興策や国内の富の再配分による住宅政策の発想では解決のしようがない．

そこで，小さくても当事者が効果を実感できそうなことをやってみる，工夫してとにかくやってみることに踏み出した．それは，社会問題と経済問題に，フィジカルに疲弊した地区の問題とそこに暮らす人たちの抱える問題に，統合的にアプローチすることだった．物的環境・社会・経済への統合的アプローチである．

従来型政策では効果の上がらなかったエリアをターゲットにするのがミクロ介入において有効なのは，分野別にバラバラに取り組まれてきたことに統合的

にアプローチすることで，小さくても何かが変わり始めた実感を得られるからである．

6.3.3 トリプルベネフィット

1990年代，このような経験に学び，先進的な都市政策に対するEC（EUの前身）レベルの助成制度がつくられた．当時，ECは，政策課題として重要性を急速に増しつつあった地球環境問題に欧州レベルで応えようと苦慮していた．ECは，予算と権限の制約が強い条件下，地球環境問題のソリューションを都市に求める戦略に出た．そこで，社会経済面の問題群と並んで地球環境問題を加え，持続可能な都市を目指すプログラム[2]を公募した（岡部，2003）．その条件とされたのが，緊急性の高いエリアに対象を特定し，環境・社会・経済の統合的政策を講じることだった．

採用されたプログラムのひとつにウィーンの洗濯機修理センター[3]がある．トルコ系移民の多い疲弊地区をターゲットに，地区に住む長期失業者の就労支援として壊れた洗濯機を全市から回収し修理し地区の低所得者層に優先的に販売するというプログラムである．家電リユースの促進という意味では環境対策であり，就労支援は社会対策であり，リユース市場を創出するという意味では経済対策である．環境・社会・経済，いわゆるトリプルベネフィットのプログラムである．本事業はその後，発展的に拡大している．他の家電やIT機器も扱うようになっていった．修理不能なものについては，再資源化する別事業所を創設した．また，環境仕様アップグレード修理の方法開発にも挑んでいる．

これらパイロット的なプログラムの手応えが大きかったことも手伝って，持続可能な発展の基盤となる都市づくりの方向性として，統合的アプローチ，エリアターゲットが重要視されるようになった．さらに，多様な主体の協働の側面を盛り込み，各国の都市政策担当大臣会議において2007年ライプツィヒ憲章[4]がまとめられた．統合的アプローチとエリアターゲットは，今や欧州都市政策の常識となった．

先に事例を通して見てきたように，途上国でもスラムをターゲットとしたミクロ介入の有効性が認められるようになったのは，エリアの課題群に統合的アプローチを試みたところに多くを負っている．だが，一般に治安・住環境改善

対策とインフォーマルな仕事による経済水準の向上を，物的なミクロ介入で統合的にアプローチするものが多い．確かに，社会と経済と環境の統合ではあるが，ここでいう環境とはエリアの物的環境を指し，地球規模の環境問題は射程に入っていない．

エリアを特定した統合的アプローチによる欧州都市再生事例においても，地球環境問題を正面からとらえたものがそう多くなく，3要素のうちの環境を対象エリアの物的環境ととらえた取り組み，すなわち，第2の統合的アプローチ（図6.1）が実際は少なくなかった．また，先にあげたウィーンの事例で地球環境問題が視野に入っているとはいえ，量的に地球環境問題を緩和するスケールではない．

チキニプロジェクトでは，ミクロ介入するにあたって，まず物的環境・社会・経済統合を余儀なくされた．すなわち，第2の統合的アプローチである．私的所有権が法的に保障されていない土地にモノをつくるのであるから，コミュニティの人たちの了解と主体的な参加なくしてできない．インフォーマル経済で回っている地域では，コミュニティで仕事を分け合うことでかろうじて成り立っている．それを乱すような資材調達や職人の手配はありえない．インフォーマル経済やコミュニティを物的環境に統合することに腐心した．

しかし本プロジェクトの大義は，そもそも環境問題をはじめ地球規模の課題のソリューションを都市に求めるところから始まっていた．求められているのは，地球環境・社会・経済への統合的アプローチである．理念として示されているそもそもの統合的アプローチである．そこで，チキニのような地区に暮らしている人たちの1人当たりの環境負荷が小さいところに着目した．彼らが地球環境負荷を増やすライフスタイルへ移行するのとは異なるかたちで，満足度を高められるとしたら，地球環境・社会・経済の統合的アプローチといえる．

百年カンポンに受け継がれ高密度化に適応してきた都市組織に，気候変動に加担することなく豊かに暮らすヒントを見出し，それらを活かしたミクロ介入を実践していくことにした．2種の環境・社会・経済の統合的アプローチを一体化した挑戦だった．第3の統合的アプローチである（図6.3）．

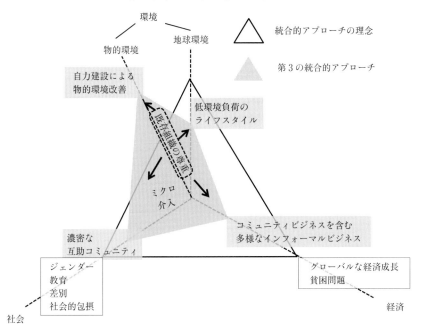

図 6.3 統合的アプローチの理念と第 3 の統合的アプローチ

6.4 ラディカルな姿勢を併せもったインクリメンタリズム

6.4.1 基調としての〈インクリメンタリズム〉

　第 2 のキーワードである〈インクリメンタリズム〉は，従来型のバックキャスティングに対峙するものである．常識的な都市開発では目標像があり，そこからのバックキャスティングで開発を進めていく．近代都市計画は，工業化にともない成長し続ける都市を前提に，都市全体の青写真を描いた．格段に規模の大きくなった都市をマネジメントするために，機能・用途別ゾーニングを導入した．理想の将来像である青写真を目標にしたバックキャスティング型の都市開発であり都市マネジメントである．都市がどう変わっていくべきかを決めるのは，目標像であって来歴や現状はさほど関係ない．もちろん，青写真を描くにあたっては都市の歴史は考慮されるが，都市計画の具体的な次の一手は目

標像からバックキャスティングで決まる．長期・中期計画が上位にあり，個々の都市整備が事業化されていく．そのため，計画上，都心の高度開発地区になっているところでは，低層高密度の現代スラム的界隈が高層ビル街に一変する．郊外住宅開発地区になっているところでは，田畑に突如，均質な郊外住宅が出現する．開発はあるべき姿に正当化されて，既存都市組織はあっさりリセットされていく．既存都市組織が，それに現れている長年の変化への適応の知恵もろとも，何の罪悪感もなく抹消されていく．

　こうした従来型の都市計画がバックキャスティングなのに対して，「既存物的環境を尊重する」ミクロ介入手法はインクリメンタリズム（増分主義，漸進主義）といっていい．すなわち具体的な次の一手を現在の物的環境と「今ここ」にある生活から発想する．そのためには，当事者たちが主体的にアイディアを出し行動を起こすことが不可欠となる．

　チキニプロジェクトで，そのきっかけとなったのが，「まず実践」であった．2012 年 2 年目の建築学生ワークショップで小川にブランコを架ける建築インスタレーションを行った．作業中，地元の子どもが自然と集まってきていっしょに手を動かすようになる．これがインクリメンタルな第一歩となった．さらにプロジェクトメンバーである日本人学生が，長期間チキニで生活することによって，よそ者である私たちと地元の人たちが，共にアイディアを出し合って，建物をつくったり改修したりする環境が醸成されていった．そして，2 つの建築的実践プロジェクトでは，チキニの人びとが劣悪化する環境にたくましく適応して暮らしていることに潜在力を見出し，それを環境改善につなげようと試みた．当事者たちが受け身にならないスラム改善で，結果的に，多少ともスラムに暮らす人たちのエンパワメントにつながったと考えている．

　もっとも，インクリメンタルなミクロ介入で斬り込んでいく以外に選択肢はなかったという側面もあった．対象地としたチキニは，そもそもインフォーマルな集住地であるから，計画という概念が通用しない．第 5 章で見てきたように，土地所有が法的に保障されていない集住地にあって，そこに暮らす人が原則として自力で建物をつくり物的環境を形成している状況で，目標像を示しても実行手段はなく，バックキャスティングかインクリメンタルか最適な手法を選択したというよりは，インクリメンタリズム以外にやりようがなかったとい

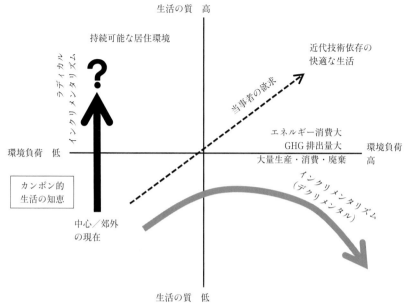

図 6.4 インクリメンタリズム＋ラディカル

うほうが実態に近かった．

　インクリメンタルにちょっとずつ物的改変を加えれば，既存都市組織は温存され，互助コミュニティが持続する．ただし，単なるインクリメンタリズムでは，成り行き任せで何もしないに等しい．まちは放っておいても劣化し，そこに暮らす人たちの日々の営みによってインクリメンタルに，つまり場当たり的に変化し続けるものである．また，将来の青写真からバックキャスティング型に進行する都市開発と隣接している状況で，愚直なインクリメンタリズムは，現実には矮小化されたデクリメンタル（減衰的な）変化に追い込まれる．

6.4.2 専門家に求められる〈ラディカル〉さ

　そこで，第3のキーワードである〈ラディカル〉な発想が重要になってくる（図6.4）．「今ここ」を大切にするインクリメンタリズムだけでは足らず，広い視野と長い目で将来を展望することがやはり不可欠である．

チキニでは，実践と並行して行った調査研究によると，高密度化にしたがって，水回りなどの空間のシェアを強いられ，空間をシェアすることによって否応なしに濃密な人的ネットワークが形成され，必要に迫られて小さなコミュニティビジネスで生き抜いていることがわかった．これらは，劣悪な環境の実態を示す半面，長い時間軸とグローバルな文脈でとらえるなら，極度の高密度化へのたくましい適応が，強いられたものであるとはいえ，低層高密度・低環境負荷のライフスタイルで少しでも快適に過ごそうとしていることの現れと見ることができる．

シェアのあり方を工夫すれば人間的に豊かな環境の可能性が広がる．彼らの高密度に適応するプロセスで培われてきた知恵を財産として活かし，私たちが提案したのが，「環境ヴォイド」「スケルトンとスキン」「部分から全体へのインフラ」「共用スペースのマネジメントのコミュニティビジネス化」であった．結果的に，地球環境負荷のより大きくなるライフスタイルに移行せずして，人間的に豊かな暮らしを手に入れることができると考えた．

ここに暮らす人たちが高密度化へこれまで適応してきたことの発展であるという点でインクリメンタルである半面，当事者の目先の欲求に必ずしも直接応えておらず，単なるインクリメンタリズムではない．「即物的な豊かさ」と「空間をシェアしなくていいプライバシーの高い生活」が，当事者が意識的に強く求めるものだ．第4章で，彼らのシェアの知恵をヒントに，より豊かなシェアを提案したが，受け入れられなかった顛末を記したとおりである．

しかし，彼らの目先の欲求を叶えようとすると居住環境は悪化してしまう．個人の生活向上のためのインクリメンタルな行為が，集住地総体をデクリメンタルに陥れる危険性がある．しかも，地球環境負荷の大きなライフスタイルへ移行する可能性が高い．これまで個々の住居内にある機能を外部化しコミュニティでシェアすることによって，かろうじて保ってきた生活が結果的に困難になりかねない．

チキニの人たちがより究極的に求めているものは，人間的に豊かな暮らしのはずである．この，より本源的な欲求に応え，複数世代におよぶ時間軸とグローバルな広がりを持って，物の環境を変えるミクロ介入を〈ラディカル〉に提案したつもりである．もちろん，彼らが自発的に進んで早速実践しようと思う

アイディアでなければ実効性はない[5].

　長い目で都市を把握することとは，遠く将来の姿を見通すだけではない．それ以上に，長い目で過去を知ることである．都市の歴史や場所の来歴をはるか過去に遡ってみると，意外にも不連続な来歴を経てきていることに気づかされる．同様に不連続な変化が将来起こることも想定して，趨勢偏重に陥らず将来に対して洞察力を働かせることも大切である．将来起こりうる不連続な変化とは，例えば，地球環境問題が極点に達し，豊かさの概念が大転換することなどが想像できる．

　本プロジェクトの実践では，ミクロ介入の先例に学び，「既存都市組織を大きく改変しないこと」を方針とした．しかし，より本質的には「既存物的環境を尊重すること」であって，場合によっては，都市組織の来歴と将来への深い洞察から今ここで思い切った改変に踏み切る決断があってもおかしくない．それは，将来の目標像からのバックキャスティングを優先させて，既存の物的環境に無頓着に再開発することとは正反対である．既存都市組織を長い目で見て尊重した上で，思い切った変更を積極的に加えることである．

　当事者発案尊重のミクロ介入は，実質デクリメンタルなインクリメンタリズムを回避できない．それを超えるために専門家が要る．専門家は，ターゲットとした場所とその場所がある都市を，グローバルな視野と長い目で洞察した上で，インクリメンタルな次の一手をラディカルに提示しなければならない．

　私たちのプロジェクトは，巨大都市ジャカルタの，ある高密度都市カンポンにおける小さな建築的実践に過ぎない．だが，意図したように，これがミクロ介入を起点にインクリメンタルに展開していったとしたら，気候変動と貧困の双方同時に取り組む道への小さな一歩となり，やがて対象としたエリアだけでなく都市総体をラディカルに転換しないとも限らない．

6.5　ラディカルの先にあるもの：生態系のうちから介入する

6.5.1　中心部に「持続可能なスラム」を？

　前節まで述べてきたように，私たちのプロジェクトでは，現代スラムに地球環境問題のソリューションすなわち可能性を見出そうとする試みを続けてき

た．しかし，常識的には現代スラムは都市のがん細胞のような存在である．すなわち，可能性ではなく問題として認識されている．実際，高密度化への当事者たちのインクリメンタルな適応が，大局的には居住環境の劣悪化に加担してきたのは事実である．

中心部にあって，カンポン由来の既存都市組織を温存し，高密度化しスラム化したチキニのような集住地は，将来をどのように展望したらよいのだろうか．専門家によっても見解は異なろう．中心的な立地であり，再開発圧力が強まっており，いつ消えてもおかしくない状況にある．経済開発にともない，いずれは消えると考えるほうが常識的かもしれない．

概して，都市周辺部に発生したスラムは一時的なもので希望的要素が強いのに対して，中心部で高密度化し物的環境が悪化して固定化したスラムは絶望的要素が優勢であるといわれてきた．こうした見解に立てば，チキニのような中心部のスラムは停滞した悪しきスラムであり，存続する意味は見出せないことになる．そんな場所で，既存都市組織を尊重した困難なプロジェクトに挑む意義を解さない専門家ももちろんいる．そうだとしても，まだしばらく人が暮らす状況が続きそうだから，人道的な見地から環境改善すべきだという意見もあろう．

しかし現実には，急速に都市が巨大化し周辺部のスラムがより外へと押し出された結果，中心部の停滞したスラムがクリアランスされて中心部スラムで暮らしていた人たちが周辺部のスラムに追いやられている．このことによりさらに状況が悪化することが観察され，周辺部のほうが状況がいいとはいえなくなってきた．では，どこが，田舎から出てきた若者の受け皿になるのだろうか．誰もが特段当てもなく出てきて，当面はインフォーマルな仕事で食いつなぐしかない．そのなかには，潜在的には大きな能力を秘め，巡り合わせ次第で，メガシティでのサクセスストーリーを秘めている人もいよう．彼らが開花するためには，多様な機会と出合えるような中心的立地の場所で，生活費を稼ぐことに追われずに，新しいことにチャレンジできる余力がなければならない．最低限，大都市の中心部にあって，生活にあまりお金のかからない場所である．

その点，チキニは適地である．好立地のわりには安い賃料で寝泊まりできる貸間がある．しかも，代々暮らし継いでいる家族が世話役となっており，良好

なコミュニティが保たれている．

　第3章で明らかになったとおり，中心的立地の高密度な都市カンポンでは，近年になって，居住歴の長い人が多くなった．なかには独立以前に遡る家系もある．先代が広い土地を持っていたような家が貸間を提供している場合が少なくない．大家さんが下宿人の面倒をみる体制がそこそこできており，困窮したときに心配してくれるコミュニティがある．近所の人が，コミュニティビジネスとして，手づくりの食事を安価に提供してくれる．大都市で若者がスタートアップするにはいい環境であり，成長する大都市の人材インキュベーション的な役割を担える界隈である．

　工業化をともなわずに経済成長する今日の大都市では，フォーマルな仕事であってもなかなか安定しない．一度挫折してまたやり直すときの生活基盤としても心強い．

　他方，この界隈に暮らしている高齢者にとっては，望めば，住み慣れた場所で生涯暮らせることがなによりもの安心であり豊かなことである．カンポン伝統の互助社会を守っていく長老たちが一方にいてコミュニティの基盤をつくり，流動性の高い大都市ジャカルタ中心部で安い生活費で暮らせる貸間が提供されている状況が維持されることは，メガシティジャカルタの貴重な財産だと考えられる．

　場所への帰属意識の高いコミュニティと大都市的な人の流動性を持ち合わせたこうした状況は，トイレや細路地など日常的に不可抗力でシェアしている空間があるゆえに，つまり，スラムゆえに奇跡的に保たれているという側面が否めない．もっといえば，近代的尺度を取り払って見えてくるスラムの「豊かさ」である．その背景には，慣習法に根ざした曖昧な土地の保有が依然として容認されていることがある．こうしてスラムを肯定的にとらえて，このような特性を備えたところを仮に「持続可能なスーパースラム」と呼ぶなら，そこにチキニの有力な将来シナリオを見出しうる．

6.5.2　世代間連鎖のなかで生きられる安心感

　「持続可能なスーパースラム」とは，「再開発されずに生き残れる」という意味にとどまらない．持続可能な開発は，世代間関係を入れずして定義できない

概念である．例えばブルントラント報告は，開発とは，一義的には「今日世代のニーズを充足する」ものだが，それが持続可能な開発になるためには「将来世代のニーズ充足を損なうものであってはならない」[6]という見解を示している．

とはいえ，自身の将来も思い描けないスラムの人たちにとって，将来世代がニーズを充足する権利を奪わないようにするために，地球環境負荷の小さいライフスタイルを続けようという動機付けは，どうみても現実的ではない．しかし他方で，スラムで生活している貧困層のほうが，富裕層より，世代間関係に無頓着かというと，必ずしもそうとはいえない．

第2章で見たように，世代間関係には，将来世代の権利や将来世代に対する義務や責任に帰着するのとは別に，人間は世代間連鎖の一環として生かされているという認識から発想するものがある[7]．日々を精一杯生きているスラムの人たちは，メガシティという荒海のただ中にあって，自分が存在していることの意味を見出したいという切実な思いから，世代間連鎖に身を委ねているところがある．

激動の変容を遂げてきた大都市ジャカルタにありながら，チキニのように今も中心部に残る高密度カンポンの都市組織は100年変わらずに維持されてきている．既存都市組織と調和したライフスタイルを持ち合わせていることで，自らが生きていること自体が過去から受け継いだものを未来へ引き渡すことになっていると実感でき，安心や充足感をつなぎとめることができる．こうした世代間関係への思いが，スラムでは，豊かさを手に入れるために，拙速に地球環境負荷の大きいライススタイルに移行する歯止めになっているとはいえないだろうか．もちろん，豊かさを手に入れる経済力がないことが最大の理由だが，少なくとも，世代間関係の惰性が作用していないとはいえまい．

不衛生で1人当たりの面積が極小の劣悪な環境の界隈であるスラムを，中心部にはなくそうというのが政府の大方針だが，中心部のスラム化した都市カンポンを「持続可能なスーパースラム」に変身させ，戦略的に残していく方向性を支持していきたい．

6.5.3 生態系：〈人間を支える〉から〈人間を内包した〉へ

約5年間，チキニに通い，学生たちはチキニに住み，ミクロ介入プロジェクトの各段階で小さな出来事に一喜一憂しながら，グローバルな視野で過去から未来まで長い目で現代スラムを俯瞰し思索することを続けてきた．

私たちのチキニプロジェクトが，気候変動と貧困の両方に効く処方箋に向けて，微力ながら貢献できたと信じたい．しかし，本プロジェクトを起点にインクリメンタルに発展して類似のプロジェクトとネットワークしていき，気候変動と貧困に有効な方策に道を付けるには，もっと根本的な発想の転換がどうしても不可欠ではないかと思うようになった．本プロジェクトでは，当事者の自発性を引き出すインクリメンタルな住環境改善の限界を超えるものとして，スラム住民の高密度化への適応の知恵を創造的に発展させたラディカルな提案を当事者と専門家で実現させていった．しかし，お金さえあれば好きなものが何でも手に入るように思える世界にあって，経済水準の低い人たちに，より根源的な豊かさへの欲求を満たす道を示しても，お金で手に入る豊かさのほうが魅惑的である．いくら土地の来歴を熟知し，将来世代への深い洞察から真の豊かさを訴えてもかなわない．価値観を大きく変えるような，より根本的な発想の転換がなくてはうまくいきそうにない．

それが，〈人間を支える生態系〉から〈人間を内包した生態系〉への発想の転換[8]ではないだろうか．ローマ法王フランシスコが，先の回勅で，「生態学的回心」を呼びかけたとおりである．〈人間を内包した生態系〉を前提にし，地球規模の都市化もまた生態系の動きだとすると，気候変動も貧困も同じひとつの生態系の問題となる．それに踏み込まずして，気候変動も貧困もどちらも解決はありえないというのが，法王の回勅のメッセージである．

〈人間を内包した生態系〉は，人間も生き物のひとつとして生態系の一部を成すという原則に立って，人間から派生する人間のつくった人工物も，社会経済システムもみな，生態系の構成要素として積極的にとらえていくことになる．人間は生態系の内にあって生態系の持続可能性をいかに高められるかが問われることになる．都市を生態系的に把握し，人間の営為による自己組織化の潜在力をうまく活かすことが重要になってくる．

本プロジェクトで試みたミクロ介入は，スラム化した集住地において，過去

からの高密度化への適応に自己組織化の知恵を見出し，それを活かす方策である．〈人間を内包した生態系〉では，人間は生態系のうちにあって，長い連環のなかにある生態系に介入することしかできない．インクリメンタリズムのミクロ介入は〈人間を内包した生態系〉のなかで自己組織化していく．その波及の決め手となるのがラディカルな視点である．ラディカル・インクリメンタリズムが本領を発揮できるのは，〈人間を内包した生態系〉においてである．（岡部明子）

注
(1) 地球環境負荷の小さい豊かなライフスタイルの知恵が潜在している．
(2) コミュニティ主導 URBAN UPP など EC/EU レベルの都市再生プログラム．
(3) ウィーン RUSZ．UPP 事業の支援を受けている．
(4) "Leipzig Charter" on Sustainable European Cities, May 2007.
(5) シェアとトレード，部分から全体へのインフラ（骨格型と関係性型の接続）など．第 4 章参照．
(6) 2.3 気候変動と貧困，2.3.5 世代間衡平性．
(7) 2.3 気候変動と貧困，2.3.5 世代間衡平性．
(8) 2.3 気候変動と貧困，2.3.4 ローマ法王環境回勅　2 つの E-ism．

参考文献
Brillembourg, A., and Klumpner, H.（2005）*Informal City: Caracas Case*, Prestel.
Dovey, K.（2010）．*Becoming Places: Urbanism/Architecture/Identity / Power*, Routledge.
Hamdi, N.（2004）．*Small Change*, Earthscan.
Wales, HRH The Prince（2010）．*Harmony: A New Way of Looking at Our World*, Harper Collins.
Weinstein, L.（2014）．*The Durable Slum: Dharavi and the Right to Stay Put in Globalizing Mumbai*（Globalization and Community），University of Minnesota Press.
阿部大輔（2009）．バルセロナ旧市街の再生戦略：公共空間の創出による界隈の回復，学芸出版社．
岡部明子（2003）．サステイナブルシティ：EU の地域環境戦略，学芸出版社．
岡部明子（2010）．バルセロナ，中公新書．
小川さやか（2016）．「その日暮らし」の人類学：もう一つの資本主義経済，光文社新書．

〈座談会〉高密度化するメガシティ

村松伸／岡部明子／遠藤環／雨宮知彦／村上暁信／土谷貞雄
司会：林憲吾

人はどうしてそこに住むのか

林憲吾——インドネシアではカンポンと呼ばれる自然発生的な集住地が古くから存在してきました．戦後，都心のカンポンには地方から人びとが大量に流入して高密度居住区を形成したわけです．最近では，かつてのイメージほど人口が増えているわけではありませんし，減少している場所すらあります．しかし，なお高密な状態です．さらに，長年その地域に住む人たちによるコミュニティが成熟しつつある．こうした長い歴史を持つ都心のカンポンがどういう特徴を持っていて，どういうふうに改善していくことが地球環境にとってよいことなのかを議論する場が，本書第6巻です．

　岡部明子さんや雨宮知彦さんはジャカルタのチキニという場所でプロジェクトを4年くらいにわたって行なってきました．おふたりは現在も継続的にチキニに行って，新しいプロジェクトを起こそうとされています．そこで，これまでの活動を振り返りながら，そこで何を得て，何がまだ課題として残っているのか，というお話をうかがいたいと思っています．また，ほかのメンバーの方々には，外の立場から見てどのような点を興味深いと感じ，こういう側面が見落とされているのではないかということを，それぞれの専門の立場からご指摘いただきたいというのが，本日の議論の趣旨です．

村松伸——もともと岡部さんは，このメガシティプロジェクトが立ち上がったときには，ラテンアメリカのことをやるとおっしゃっていましたよね．それで最初の1,2年はメキシコのことをやっておられました．どういう経緯でインドネシアのチキニに関心が向かうことになったのですか．

岡部明子——そもそもこのメガシティの研究というのは，ジャカルタだけでは

なく世界中のメガシティを対象としているわけですね．私は，メキシコシティをやりたいという思いがあり参加しました．メキシコ育ちだったからです．しかし，プロジェクトの焦点を絞る過程で，対象とする都市はジャカルタに定まりました．私もはじめてジャカルタに行きました．それでインドネシア大学と一緒にやったセミナーのときに，向こうのヘリー先生という方が，チキニでやっている共同トイレおよび沐浴場のプロジェクトを紹介されたんですね．そのときに，そのプロジェクトが，というより，その場所にピンとくるものがありました．

村松——具体的には何にピンときたのですか．

岡部——それはよくわかりません．実際に場所を訪れたときの第一印象としては，住人がみな平和に暮らしていて，学ぶべきことが多いなということでした．他方で，その場所は居住環境としてはお世辞にもいいとは言えません．途上国都市のスラムの環境改善については，世界的にも50年くらいにわたって取り組まれている難しいテーマですが，いまだに問題が山積しています．そのようなところに人びとがインフォーマルなかたちで暮らしているので，こうした場所で何かを変えていくときには，彼らから学んだことからスタートしなくてはいけないと感じました．そのことは最初は漠然と考えていたにすぎなかったのですが，プロジェクトを展開していくうちに，住人たちと共同して進めるかたちに結果としてなっていきました．

村松——僕もピンとくるものがあるのですが，それはプロジェクトとしてピンときているにすぎません．実際にそこに住みたいとも思っていませんが，岡部さんがピンときたとおっしゃっているのは，その場所に何らかの共感を持たれているわけですよね．

岡部——共感というよりは，漠然と求めていたものがそこにあったと言ったほうがいいかもしれません．

村松——そこに住んでもいいと．

岡部——どうでしょう．私は住む場所というのはそもそも選ぶ対象ではないと思っています．そこに住むことになったら住むというだけの話です．こういう場所で「なぜあなたはここに住んでいるんですか」というアンケートをとっても，ほとんどの方が「ほかに住む場所がないから」と答えます．これは日本で

もさほど変わらないでしょう．住まいというのはそういうものだろうと思います．

林——一概に「住む」と言っても，住まざるをえないから住むという側面と，あの場所に住みたいという夢としての側面があって，村松さんは後者の点から共感できないとおっしゃっているような気がします．

本日ゲストでいらしてくださった遠藤環さんは経済学がご専門です．遠藤さんにはチキニの現場も見ていただいていますが，どういう印象を持たれましたか．

遠藤環——コミュニティというのはもともと多面的機能を持っていますが，それは長年の変化が累積してできたものです．コミュニティを構成する個々の家にしても，長年のライフサイクルのなかで変化してきました．そうした変化はその時々のニーズにあわせてなされたものなので，専門的な知や全体のバランスへの考慮はないわけです．そこに学生，しかも日本とインドネシアの学生が一緒になって，専門的な知とコミュニティの人たちのニーズをどう摺り合わせて，現実的な改善策をどのように実現すべきか模索している点がこのプロジェクトのおもしろいところだと思っています．ここでは在野の知と建築や環境に関する専門的な知をつなぐことが求められているわけで，そこがおもしろいというのが率直な感想です．

林——遠藤さんはタイでいわゆるスラムの調査をされていますが，そのような場所に行ったときに，住みたくないなという気持ちを抱いたりするものなのでしょうか．それとも共感が勝つのでしょうか．

遠藤——私の場合，バンコクで都心のコミュニティについて長年調査をしていたのですが，住居の屋内空間は意外ときれいなんですね．ただ，「共」の観念が日本人とだいぶ違っているせいか，もともと湿地の場所につくられたコミュニティなので軒下が水なのですが，なぜかそこにはどんどんゴミを捨てたりする．そうした環境面を考えると，ずっと住みたいかどうかと言われるとためらう部分もありますが，それでもホストファミリーの家ではよく昼寝をしたりして，それなりに快適に過ごしています．

どうしてそこに住むのかというお話に引きつけて言うと，低所得者層ほど職住近接という傾向があります．多くの人は都心に就業機会があり，子供の学校

もある．以前，都心の調査地で大きな火災があって，8,000人くらいが住んでいたのですが，ほぼ全焼してしまいました．そのときに開発経済学の人たちは，都心のスラムというのは住民にとっては一時的な居住地にすぎず，家が失われれば多くは農村に戻るだろうと考えていたのですが，そんなことは全然なかった．インフォーマル経済の場合はとりわけ顕著ですが，都心のほうが就業機会にはるかに恵まれています．例えば屋台であれば，郊外よりも都心の金融街のほうが圧倒的に売れるわけですね．ですから，住民はほとんど流出せず，民間で安い住宅があまり供給されていないという事情もあいまって，火災後数年は近くのサッカー場の脇に，仮設住宅がわりにテントを張ったりして暮らしていました．そういう意味では，ジャカルタでは都心部の人口が減少しつつあるというのは興味深く感じました．

岡部——都心部が減ってきているというより，郊外にくらべて流入が多くないという程度です．統計上，人口減少となっているのは，再開発によってチキニのような高密度カンポンが失われることが響いていると思います．

遠藤——バンコクは逆なんですね．最新のデータではありませんが，2010年くらいまでの傾向として，たしかに都心部のコミュニティの数は減っていて，郊外は増えている．ただ，仕事を見つけられない人たちが戻ってきて既存のコミュニティに流入するため，密集度はどんどん上がっています．

林——人が出ていかないという点ではジャカルタも同じですね．都心のカンポンに既に長く住んでいる世帯は，30代，40代になっても親と同居している世帯が郊外よりも多く，子供世代が地域の外に出ていく力はあまりない．一方で，新しく入ってくる人たちには，仮住まいの感覚で10年以内には出ていく人もそれなりにいるという傾向はあります．

　雨宮さんはプロジェクトを提案するときに，ご自分の住むことに関する感覚を，どのように提案のなかにフィードバックされていますか．

雨宮知彦——住みたいかどうかということで言えば，例えばチキニであれば，現に学生が何年も住んでいたりするので，住もうとすれば住めるくらいの感覚はあります．ただ，設計や計画をする側として，自分が住みたいかどうかということを軸に空間を提案することにはあまり興味がありません．住む人がどういう空間に住むのがいいかということに想像力を働かして提案するという立場

であり，バックグラウンドの違う自分がそこに住みたいかという基準で考えることにあまり意味はないような気がしています．

林——今回のチキニのプロジェクトでは，そこに住む人たちの空間をどうしていきたいと考えられましたか．

雨宮——チキニに行って感じたのは，現地の人たちがもともと持っている空間をつくる能力，DIY 的な能力の高さです．それをうまく活かすようなかたちで，かつ環境を改善できる提案ができればいいなと思っていました．

フューチャラビリティかインクリメンタリズムか

村松——ただ，これは建築家が傲慢だと言われる理由のひとつかもしれませんが，建築家というのはビジョンを提示する立場でもあるわけですね．住民にはこういう場所にしたいというモヤモヤとした夢があってもかたちにすることはできない．それを現実化していくことも建築家の重要な役割であるはずです．サステイナビリティという言葉に対して，総合地球環境学研究所（地球研）ではよく「フューチャラビリティ（futurability：未来可能性）」という言い方をしています．つまり，現実を固定化するのではなく，そこに未来というものを反映させて考えていくということです．そうした観点からすると，雨宮さんが評価する DIY 的な能力というのは，ある決まったかたちに押し込めていくような力だとも言える．一方で，では，そこでどのような「未来可能性」がある住まいを提示するかというと，現実のジャカルタには，ゲーテッドコミュニティのような陳腐な解決法しかない．それに対してどういう提案をしていくかということも求められているのではないでしょうか．

雨宮——私たちもそこは重要だと考えています．住民たちはそれほど遠い将来のことは考えられないので，1 年後の話をしても会話が成立しなかったりする．しかし，私たちとしては将来のことも含めた提案をしないと意味がないですから，単純に住民たちの近い将来に対するニーズに沿ったものを提示するということではなくて，かといってそれを否定することもせずに，いかに遠い未来像を提示していくかが求められるわけです．例えば私たちが提案した「ヴォイド」というのは，太陽や風の動きは将来にわたって変わらないものであるという前提に立って考案されたものです．そういう意味では，長期ビジョンに基

づいた提案をしている．また，そうした建設活動と同時並行的に「シナリオワークショップ」を開催し，みんなで将来の街の姿や自身の暮らしをどのようにしたいのか考える場をつくったりもしています．短期的なニーズの充足と長期的な射程を持つことの両方ともが大事で，どちらかに偏ることがないようにしたいとは思っています．

　私が最初にチキニに訪れたときに感じたのは，どの場所も一見同じ風に見えるということでした．空間の生成に何かしらのシステムがありそうに見えた．これは立場の違いによる見え方の違いかもしれませんが，東京のような都市では，ある場所で提案したとしても局所的な提案にしかならず，それが波及していくことはなかなか難しいわけです．ところが，チキニのような場所や郊外住宅地というのは，1カ所で提案したことが，その仕組みがシェアされさえすれば，うまく全体に波及していくのではないかと思えた．それが僕がこういう場所で仕事をしていることの理由のひとつです．

村上暁信──私も村松さんの疑問に共感するのですが，チキニのプロジェクトではよく「住民のニーズ」ということが言われます．今回のプロジェクトは彼らのニーズを満たすことが目的なのか，それともチキニ全域についてのビジョンがあり，そのなかのひとつの過程としてやろうとしているのか，そこが知りたい．岡部さんは当初，あの場所は都心に近いからジェントリフィケーション（中産階級化）が起きそうだと言われていましたね．僕もそうだと思っていました．チキニのようなジェントリフィケーションが起きる場所を扱うときに，ひとつの方向性として，場所の界隈性（にぎわいの豊かさ）をいまのニーズにうまく合わせられたら，独特のかたちで将来に残せると思うのです．これは「百年カンポン」という言い方をめぐる議論にもつながるかもしれませんが，私自身は「百年カンポン」と言ってもそのカンポンがいいものを持っているから100年続いたのではなく，たまたま残ったにすぎないと思っています．そして，たまたま残ったものは，大規模開発で潰されてしまうことがよくあるわけです．将来もこのような全面更新型の開発が行なわれることをよしとするのでしょうか．僕はそうならない解が欲しい．場所性，場所の界隈性を引き継げるような解があるといいと思っています．そういうもののプロトタイプをチキニで提案されるのかなと思っていたのですが，違うのでしょうか．

岡部——たしかにチキニは立地に恵まれているので、ジェントリフィケーションが起きて選ばれた人たちだけが住む場所になる可能性はあると思っています。また、界隈性が残るとしたら、ジェントリフィケーションが起きた場合だと考えられます。だからと言って、私たちが界隈性を残すことを最優先に考え、そのための提案をしているのかというとそうではない。他方で、明日には界隈性が消えてなくなってしまうかもしれないという可能性もつねにありますが、それを否定しているわけでもありません。明確な答えがあってやっているわけではないので、結局、インクリメンタリズム（漸進主義）という話になるのだと思います。

重要なのは先ほど遠藤さんも指摘されたように、チキニは低所得者にとって多くの機会に恵まれている場所で、コミュニティに守られるかたちで暮らしていける場所でもある。そうなると、大都市で機会をモノにして大きな飛躍を遂げる人たちが出てくる可能性もある。それこそが一番大切な点です。界隈性やジェントリフィケーション以前に、低所得者層でも中心部で暮らし続けられるような都市にしたい。それはいまチキニに暮らしている人のニーズを満たして、その人たちが住み続けられるようにするということではありません。彼らが出ていってもいい。実際にこのあいだまでこの場所が大切だと言っていたコミュニティのリーダー的な存在が、フォーマルな仕事を得るために出ていくということは年中起こっています。そこにまた新しい人たちが入ってくる。たとえ人びとが入れ替わっても、肝心なのは中心部に低所得者層が住み続けられるような場所を確保することだと考えています。

その前提に立って言うなら、彼らの住宅に対するニーズを、自分たちがやれる方法でもって連鎖的にうまく進めば、同じような密度でもより快適な居住環境を実現することはできるはずです。長いあいだ淘汰されずに残った場所です。そういう場所が都心にあるべきではないかと思うのです。

土谷貞雄——先ほど岡部さんは、多くの人は住みたいからそこに住むわけではなくて、たまたまそこにいたから住んでいるにすぎないと言われましたね。たしかに多くの人はそうでしょうが、そこに住みたいと思って住んでいる人もある一定数はいて、それによって住んでいる人たちの意識なりプライドなりがつくられていくような気もするんですね。僕はこの小さなプロジェクトがそうい

う意識をつくっていくのではないかと思って見ていたのですが、いまのお話ですと、チキニに魅力を感じながらも衛生面などの問題からこのまま住みたいとは思えないということですね。そこにたとえ小さな提案であっても、住み方や家のあり方が提示されることによって、住みたいと思う人がひとりでも多く出てくるのではないか。そういうことが起きるかもしれないし、起きて欲しいと思いながら見ていたのですが。

岡部――現に日本の学生がプロジェクトのために住むことで、それが現地の人たちのプライドにつながっている面はたしかにあります。普段なら家族向けに貸すような部屋に、それよりも高い家賃で学生がひとりで住んでいるという状況ですから、そういう意味では、小さなジェントリフィケーションは起きているわけです。ジェントリフィケーションを完全に否定するわけではなく、うまく中心部の界隈性を残しながら、かつ低所得者の人でも住み続けられるようなやり方を試行錯誤できる実験の場になってくれればいいと思いながらやっています。

村松――しかし、学生はプロジェクトのために一時的にそこに住んでいるだけであって、住みたいから住んでいるわけではありませんよね。その上で確認したいのですが、いまチキニの魅力として、界隈性ということと低所得者でも都心部に住めることという2つの点を挙げられましたが、界隈性についてもう少し詳しく説明していただけますか。

岡部――界隈性については村上さんの言葉をそのまま使わせていただいたのですが、誰かが上から計画したものではなくて自然発生的に形成されているということですね。

村松――ただ、私たちのプロジェクトは「長期ビジョンを持ったラディカル・インクリメンタリズム」というキーワードでやっていますね。「インクリメンタリズム」というのは、都市があまりに巨大で操作不可能であるがゆえに、目前の課題に対応していくしかないという現実的な態度です。しかし一方で、大きな方向性を打ち出すことも大切で、だからこそ私たちは「長期ビジョン」という言葉を使っている。「長期ビジョン」というのは言い換えれば、地球環境にどう資するか、その貢献について考えるということです。ただ、いまの岡部さんの説明を聞くと、そうした観点が抜け落ちていて、やや場あたり的な印象

を受けたのですが.

岡部──地球環境に結びつく話は最後にするつもりだったのですが，チキニの住人は，環境負荷という点では小さな生活をしています．彼らが現在の低環境負荷のライフスタイルのまま，より経済活動を高められる方向性があるのではないかと模索しているわけです．もちろん「長期ビジョンを持ったインクリメンタリズム」は必要なのですが，チキニに対する「長期ビジョン」ではなくて，より大きな枠組みで考えていかなければならない．そのなかでチキニが消えるという選択肢もあるかもしれないし，ジェントリフィケーションが起きてお金持ちや知識人ばかりが住む場所になるかもしれない．チキニ自体に対して確たるひとつのビジョンを持っているわけではありません．

村松──環境クズネッツ曲線という仮説がありますよね．それ自体が十分に実証されているわけではありませんが，経済的に豊かになれば環境への負荷がある時点までは上がっていくけれど，最終的には減っていくということを示した曲線です．チキニの住民は環境負荷の低い状態だから，経済的に豊かにならなくても，現状に留まっていたほうが地球環境的にはかえっていいということになりませんか．

岡部──経済活動をどのように捉えるかによりますが，単に所得水準を上げるということではなく，経済活動の質を高めながらも環境負荷が低いライフスタイルをどのように維持するか，その方法を探っているのです．ある意味，環境クズネッツ曲線の神話を覆すようなやり方を探っていると言えます（笑）．

貧しさは解決できるのか

村松──でも，ほんとうにそのような方法があるのでしょうか．

岡部──あるとかないではなく，そうできずして地球の未来はないと思っています．地球上のすべての人が環境クズネッツ曲線に従って行動するというシナリオを考えるほうが非現実的でしょう．

林──いまのお話で重要なのは，所得という既存の基準に対して，それ以外の要素を付け加えることによって，経済の評価軸そのものが変わることだと思うんですね．そして軸が変われば，環境クズネッツ曲線とは違ったグラフが出てくるかもしれない．そこがポイントではないでしょうか．

遠藤——いまのお話はマクロなレベルでは，先進国が自分たちの過去のことを棚に上げたまま，発展途上国に対しては環境負荷を高めることを認めないという，国際会議の場などでよく見られる光景を思い出させます．おそらくチキニにおける環境負荷の小ささが重要なのは，コミュニティ内部に対してこのままでいなさいということよりも，むしろコミュニティの外部に対して，ほかの評価軸や価値観があるという示唆を持つ可能性がある点だと思うのです．チキニの住民にしても，経済的な余裕がもう少しできたらエアコンを買いたいという発想はあるでしょう．それに対して，エアコンを使っている私たちが買うなとは言えない．ただ，「ヴォイド」の話にしてもそうですが，エアコンにそれほど頼らなくても建物の工夫を少しするだけで涼しくなりますよという提案ができれば，環境への負荷を抑えることはできるはずで，その中間地点を探ることが重要なのではないでしょうか．

林——村上さんもいま遠藤さんが言われたようなことを考えて活動されているわけですよね．

村上——そうですね．たとえエアコンを持っていたとしても，外気をうまく活用すれば，省エネで生活できて，かつエアコンだけに頼るよりも高い快適性を得られて，コミュニティの結束も強くなる——そういう提案をしようと思って，ジャカルタの都市内集落，カンポンバリのプロジェクトをやっていました．ところが，私たちがプロジェクトを始めたときに，どうせ20年くらいしたら高層ビルが建って消えてしまう場所なのだから，そんなことをやってもしかたないだろうと言われました．そのときにはまだ，「なくなるにしたって20年間の生活を扱うことは，それはそれで重要です」としか答えられなかった．しかし，その後チキニのプロジェクトが始まったときに，ああいう場所の残し方を提示するということは都市を扱う上で極めて重要なんだなという認識に変わって，カンポンバリのプロジェクトも前向きに取り組めるようになったのです．

　ジャカルタではエアコンを全く使わない生活なんてあり得ない，ということが現状としてあるなかで，エアコンを使わないでもうまくやれば快適に過ごせますよ，というのが最初の提案です．さらに次の段階として，エアコン以外から得られる快適性を享受しているとコミュニティが強くなりますよ，そうする

と暮らしに新しい魅力が出てきて，経済的な価値基準だけでは計れなかった幸福度のようなものが上がりますよ，という提案になりました．そういうものを実現できる環境，住空間を提案したいと考えています．カンポンバリにはカンポンバリの提案のしかたがあって，チキニにはチキニの提案のしかたがあると思っています．界隈性ということで言えば，チキニにはマーケットがあって，そこには売買の機能だけに限定されないような猥雑さがあり，非常に高いポテンシャルを持っているように見える．そういう利点をふまえた新しい住まいの提案をされるのかなと思っていたんです．あるいは少し所得の上がった人のニーズに合わせた住空間を提案されるのかなと思っていたら，先ほどのお話を聞く限り，そういうわけでもなさそうですね．都心部ではそれほど人が増えていないという報告がありましたが，そうしたトレンドに合わせてニーズを読み取って解を提示していくという発想なのか，トレンド自体を変えてやろうという発想なのか．僕は後者だと思ってお話を聞いていたのですが，そういうわけではないのですか．

岡部——変えてやろうというよりは，変わっていかざるをえない状況にあるという認識です．変わらないとなくなってしまう．

村上——それはよくわかります．けれども，変わらざるをえないと言ったときの変わるべき像というのは，僕は地元の人たちからは出てこないと思うのです．

岡部——私もそう思っていますよ．これはチキニに限らない一般的な話ですが，ここに住んでいる人に変われと言っても変わらない．では誰が変えるのかと言うと，移り住んでくる人が変えると思うんです．ですから，日本国内のプロジェクトでも，変える方向を提案したからには自分が移り住んで，そこの住民になって変える覚悟が必要だと思っています．

林——村上さんがおっしゃっているのは，ジェントリフィケーションで大型の高層ビルがどんどん建つなか，チキニのような街はたまたま残ったのがこれまでの現状だとすると，今後，違ったかたちのジェントリフィケーションというか，変化を起こせるのではないかということですよね．

村上——高層ビルの建設をジェントリフィケーションと呼ぶかどうかは別にしても，小さいマーケットがあって，ちょっとしたレストランがあって，そうし

た環境に惹かれた若い人たちが集まってくるということが，別の解としてあればいいと思っていることは確かです．

土谷——それは建築の問題だけではない気がするんですね．低所得者が所得を上げたいと思うことは自然なことです．重要なのはその上げ方ではないか．それが大きなフォーマルな経済に則ったものなのか，もっと別の仕組みによるものなのか．このプロジェクトがひとつの実験だとするならば，そうした観点が建築に組み込まれるとおもしろいと思いました．先ほど学生が部屋を借りることで住民の意識が変わったというお話がありましたが，だとするなら貸し出す部屋を増やしてみるとか，ホテルにしてみるとか，いろいろな実験ができるはずです．低所得者層がここに住むことによって，経済的にも豊かになり，住まいとしても楽しくなり，住民も夢が持てるようになれば万々歳ですよね．

岡部——これまでもそういう事例はヨーロッパの都市，特にバルセロナのラバルのような歴史市街地に隣接した疲弊地区でよく見られたのですが，そうした場所ではいい意味でのジェントリフィケーションを促進するような政策がしばしばとられてきました．ところが，そうすると食料や生活必需品の物価が上がっていき，低所得者は住みづらくなって出ていかざるをえなくなるわけです．もちろん全員がそうというわけではなくて，それをチャンスとして活かして経済水準を上げる人も出てくる．しかし，少なくともみんなが万々歳ということは起こらない．起こらないのだけれども，まちは変わっていかなくてはいけないので，少しでもいい方法をその都度探っていくことが大切だと思うんですね．

村松——やや唐突ですが，遠藤さんにお聞きしたいのですが，貧しさというのは解決できないものなのでしょうか．

遠藤——それは簡単には答えられない問題ですね．直接的な解答にはならないかもしれませんが，いまではコミュニティの内部でも階層化が進んで多様になっていると思うんですね．コミュニティのなかでも割とよくなっている人がいる一方で，貧困の悪循環から逃れられない人もいる．貧困から抜け出せそうになった人でも，大きな経済危機に直面してリストラされたり，あるとき急に転落してしまう人も多い．そこには低所得者の人たちが持っているリスク対応のチャンネルが少ないという問題がある．ただ，コミュニティにはリスクを吸収

してくれる機能があるわけです．ある日突然レイオフされても，家の前に屋台を出してお菓子を売って，周りの人たちが買い支えてくれるような面があるわけです．そうしたコミュニティのリスク吸収能力に頼ることで，貧困から抜けられるか抜けられないかギリギリの人たちでも都心部で生きていくことができる部分もあると思うのです．

　問題はコミュニティから出ていく人がいるとして，それが自発的なものなのか，ジェントリフィケーションなどによって出ていかざるをえないものなのかという点です．そして，出ていかざるをえない人たちのために，民間で住宅供給が行なわれたとしても，例えば高層住宅であるために屋台を出しにくくなるようなことだって起こりうるわけです．リスク吸収能力と言ったときに，物理的・環境的側面に関しては建築的に対応することが可能でしょうが，社会経済的な側面についても同時に考えていかないといけないと思うんです．

村松──シンガポールは再開発によってそういうコミュニティの機能をなくしてきましたよね．

遠藤──シンガポールは1960年代以降の開発主義・経済優先主義の時代に，低所得者層にも住宅が行き渡るように徹底的に住宅政策をやりました．経済的に安定しないと政府に対する反発も出てくるし，社会不安も増大するということで，住宅だけは保障するという構えで社会政策とセットでそれらの政策をやったのです．シンガポールの場合，国土がコンパクトということもあって，割とそれがうまくいったと言われています．

貧困と富裕におけるマクロとミクロな経済問題

村松──遠藤さんにもう一点お聞きしたいのですが，数日前に世界中の人口が100万人以上の都市を都市地域生態圏という観点から区分しようと思い，316の都市をGoogle Earthで見ていったのですが，上から見ると国境を接して，アメリカとメキシコの都市が全然違う様子がはっきり確認できるわけですね．メキシコには高密度の住宅地が至るところにあって，見るからに貧しい感じがする．たしかに国家による社会経済的な政策は貧しさを解決する方法のひとつかもしれませんが，一方で現代では国家を超えた国際的な力が強く作用していて，自国内の格差による貧困が固定化されるところがある．つまり，この場合

はメキシコ内の格差ではなく，国境を接して隣にあるアメリカの都市の影響かもしれない．そうしたマクロな問題とチキニのようなミクロな問題がどう結びついているのか，つねにわからないところがある．僕は建築をやっているので岡部さんや雨宮さんがやられていることにはとても関心があるのですが，同時にマクロに見たときの建築学の無力さというのも痛感していて，経済学がご専門の遠藤さんにそのあたりのヒントをいただけたらと思うのですが．

遠藤——経済をやっていても無力さを感じるのですが，働くということがひとつキーになってくると思うんですね．途上国の都市部において見られるインフォーマル経済は，開発が進めばなくなると思われていたのですが，バンコクが金融や生産の国際的な拠点のひとつになってもなくならないわけです．絶対的な貧困は減っているかもしれませんが，格差はむしろ開いている．そのときに無力感を感じざるをえないのは，これまで途上国においては，先進国がモデルだったわけですね．でも，日本のような先進国がもはやモデルとして機能していないという面がある．

上海では「群租」と呼ばれるコンドミニアムのなかを二重に仕切ったようなかたちの現代版スラムが登場していて，中間層の人がマイホームとして住み始めたら，農村から出稼ぎに来ている人たちがひとつの部屋から20人くらい出てきて驚くというような事態になっています．2013年に新宿の脱法ハウスの写真を新聞で見たとき，上海で見たという既視感を覚えました．ただ，日本の場合は制度がリジッドなので，一度ああいうものが出てくると，1カ月後には規制するルールができてしまう．そういう意味では，むしろ貧困層は生きづらいと言えるでしょう．そうしたインフォーマリティが先進国のほうにも浸食してきている時代において，どうやって格差をなくしていき，どうやって貧困を解決するのかはこれまで以上に重要な課題になってきているのですが，その答えは簡単には出てこない．ただ，日本であれば，ある程度発展して社会保障制度が整備された後で，少子高齢化のような問題が起こったわけですが，インドネシアやタイや中国が直面している難しさというのは，発展している最中にいろいろな問題が同時に起こってしまったということです．ホワイトカラーや中間層が増えてきたにもかかわらず，1997年の経済危機以降，日本の人材派遣会社がものすごい勢いで進出していき，ホワイトカラーのなかにも非正規雇用

が増えたりしている．その一方で，依然としてインフォーマル経済も残っている．また，それとは別に，メガシティとしてグローバルな競争機能を強化しなければいけないという観点から多国籍企業を優遇するような減税政策がとられたりもする．しかし，ほんとうに格差をなくそうと考えるなら，増税して社会分配を徹底してやる必要がある．あるいは，労働人口の3割くらいしか年金の対象になっていないような国ですから，少子高齢化に備えた年金制度を準備しようとすると，増税しなければいけない．そういう意味で，完全な政策のジレンマに陥っているわけです．日本でも最近になってよくコミュニティということが言われるようになってきたのは，社会保障の面で政府が全部やりきれないとなったときに，コミュニティをはじめとしたさまざまなアクターによって解決できる新しい社会保障モデルを模索している段階だからだと思うんです．

岡部——それは貧困問題というより，どちらかといえば富裕問題という気もしますね．

遠藤——いまや世界中の富が所得上位10％，5％，1％の富裕層にどんどん集中していっていることは確かです．住宅問題に関しても，民間の住宅市場の競争原理においては，ジェントリフィケーションが進み地価が上がっていくことは避けられない．長期データを用いて所得格差を実証的，理論的に分析したトマ・ピケティ『21世紀の資本』（山形浩生ほか訳，みすず書房，2014）がちょっとしたブームなのも，いまいちど格差問題に焦点があたるような時代になってきているという背景があるわけですね．グローバルに展開する多国籍企業やメガシティと言われるような都市は，もはや自立した単位として現れてきているところがあります．例えば上海経済圏はGRP（地域内総生産）で言ったら韓国と同じくらいの経済力を持っている．また，多国籍企業でも1国のGDPに相当するような売り上げを上げている企業があります．しかし，多国籍企業に国家の枠組みを超えて課税できるかと言えば，現状では制度のほうが追いついていないので，格差は開いていく一方です．

村松——ピケティは多国籍企業に課税できるような制度をつくれと言っていますね．

岡部——チキニで何らかのジェントリフィケーションが起きて貧困層がやむなく出ていくような事態が起こっているかと言えば，幸か不幸かそれほど顕著で

はありません。ただ、貸し間の値段は全体的にかなり上がってきているので、これ以上住み続けられないという人が出てきてもおかしくない。たしかに無力感はいつもどこかにあるのですが、他方でチキニを見ていると、6畳一間に7人家族で暮らしている人たちでも、決して人生を諦めていないわけです。私はそこに希望を見出したい。チキニのようなまちがどのように形成されてきたのか、増床していったプロセスを学生たちが調査しました。最初は、1ブロックで1軒、庭付きの一軒家が建っていました。やがて所帯を持った子供らの家を建て、親戚用に部屋を建て増し、貸し間を足していくことで、結果として今日のように建て詰まったかたちになっていったわけですね。密集して薄暗くなってしまうと、いきなりトップライトを開けて光を採り入れてみたり、もともと奥にあったキッチンを通りに面したところに動かしてみたり、3階ある家では吹き抜けをつくって換気や採光をしたり、個々の住民がそういうことを自発的にやっている。よりよく住もうという根源的な欲求は、チキニのような場所でも見られるわけです。それぞれが自発的に工夫をする力をうまく活かして、全体的な居住環境そのものを改善していくことには意味があるし、可能でもある――そのような確信をもって、チキニのプロジェクトに臨んでいます。

雨宮――私もプロジェクトを、みなさんよりも1年遅れて、4年くらいやっているのですが、当初、住民は共同水場MCKに代表されるように空間をシェアすることに価値を見出していると考えていました。でもじつは、みんな個別にトイレや個室を持ちたいと思っていて、共同化よりも個別化を志向しているという状況が次第に見えてきた。最初はコミュニティや相互扶助の豊かさにのみ注目していたのですが、実際にプロジェクトを進めていくと、建物の建設や運営を困難にさせる、コミュニティ内に存在するさまざまな政治や力関係がようやく見えてきました。そういう現実に気がついたことはよかったと思っています。

　ジャカルタの街中を電車などで移動していると、チキニのような場所が延々と目に入ってきて、無力感に苛まれることは多々あります。ですからチキニでのプロジェクトにしても、そこだけで完結させるのではなく、より広域に展開させていきたい。その仕組みをどうつくるかが今後問われてくるだろうと思っています。一番手っ取り早いのは、政策に接続させることです。チリの建築

家，アレハンドロ・アラヴェナ率いる集団「エレメンタル」がチリのソーシャル・ハウジング政策に絡めて提示しているように，政府の住宅政策にコンセプトを反映させて，政府がカバーしきれないところにうまく入っていくようなやり方ですね．一方でボトムアップ的な活動をしているNPOや地域の団体もたくさんあるので，そういうところが持っていないアイデアを外部のシンクタンクとして提案し，共同するようなやり方もできるかもしれない．また，住宅供給のマーケットに参入していくやり方も考えられるでしょう．いずれにせよ既存のシステムや団体と連携することによって，広いエリアをマネージできるような方法を展開していきたいなと考えています．

林——今回のプロジェクトで大事だと思うのは，私たちが研究資本を持ってそこに入っていったときに，コミュニティの人たちがそれだったらやりたいと思えるような提案ができたということではないでしょうか．言い換えれば，そういうインセンティブをどう組み立てるかということが問われている気がします．そのためにNPOと研究機関とが結びつくことで可能になることもあるだろうし，新たなビジネスを持ち込むことで，もっと経済的なインセンティブを与えることもできるでしょう．住民たちはDIY能力を持っていて，いまのところそれは個別の欲望に従って行使されているにすぎませんが，今回のプロジェクトが，その能力を違う方向に活用していく新たなアクションの契機になった部分もあるはずです．そうした仕組みをどのように継続的につくっていけるかが今後の課題ではないでしょうか．

岡部——第一印象としては，チキニはいいコミュニティだなと思ったのですが，雨宮さんが言うようにプライヴァシーを高めたいという欲求はすごく強い．また，いい意味でも悪い意味でも住んでいる人たちはしたたかです．表向きはともかく，私たちが入ってくることで，いかに自分の個人的な利益になるよう話を持っていくかに腐心したりする．もしその人たちにプロジェクトのために用意されたお金をポンと渡せば，すぐにどこかに消えてしまうでしょう（笑）．そうしたチキニが本来持っているしたたかさを，なんとかいい方向に向けたい．

チキニの場合は立地がいいこともあって，いまのところビジネスとしては，貸し間が一番うまくいく．その際に個別トイレや水浴び場が付けばより高く部

屋を貸せるため，それらに対する要求は高い．そういう要求に応える提案をしながら全体として居住環境を改善していくようなアイデアを出していけば，おそらく受け入れられて，彼らも貸し間による収入が増えるだろうと．いまはそういう現実的な提案が見えてきつつある段階です．

土谷——貸し間に関して言うと，おそらくチキニだけで解決できる問題ではないと思うんですね．はたしてそれがどんな貸し間になるのか，個人的にはとても興味があります．郊外の人が立地のよさに惹かれて借りるような部屋にするのか，長期滞在の外国人が借りるような部屋にするのか，それによってまちを変えていくインパクトはずいぶん変わってくるんじゃないかなと思うんです．これが壮大な実験のひとつだと捉えるならば，そこにどんなプログラムが入ってくるのか，とても興味があります．

チキニから世界へ

林——先ほど遠藤さんがチキニをどうするかということだけでなく，チキニがほかの地域にどういう示唆を与えるかを考えることが大事だとおっしゃいましたが，チキニのプロジェクトが日本の私たちにとって，あるいは世界のほかの地域に対して，建築的に，環境的に，経済的にどういう意味を持つのかを考えることが重要だと思うんですね．その辺について岡部さんはどう思われますか．

岡部——日本の大学でまちづくりをやっていると，最近の学生はみんなコミュニティ再生というテーマになるわけです．ところが，コミュニティの実体験が学生の側にもないし，私たちの側にもない．そうした状況のなかでコミュニティ再生を語るわけですから，得てして机上の空論になってしまう．ですから，コミュニティを知らない日本人がこういう場所に行ってしばらく住んでみることで，コミュニティに対する共通認識を得られ，それに対するバラ色の幻想を捨てられるという点で意味があるのではないでしょうか．また，遠藤さんも指摘されたように，アジアでは高齢化をはじめさまざまな問題が同時に起こっていて三重苦四重苦の状態にありますが，だからこそ統合的に解決できるような最先端の解を提示できる可能性もあるわけですね．それは日本のコミュニティ再生ということにもつながる解になるはずです．そして，同じような考え方で

個別の問題に取り組んでいる方が世界中にいるので，チキニがそういう人たちが集まってくる場所，グローバルな活動のネットワークの拠点になればいいなと思っています．

村上——自然環境と建築，住まい方の関係という意味では，チキニをはじめ，途上国の都市や地区には興味深い例がたくさんあります．エアコンがまだまだ高価な地域では，自分なりに少しでも環境をよくしようとしたり，心地いい場所を少しでも使おうと工夫したりする．そうしたアイデアは，たとえエアコンが使われている地域でも，より快適に住まうためのヒントになったりするわけです．ただ，それをプロジェクト全体の長期的ビジョンにどこまでつなげられているかと言うと，自然環境班としてはうまくつなぎきれなかった部分がある．

そこで岡部さんにお聞きしたいのは，貸し間というのは経済的な問題や格差の問題へと展開できるのかもしれませんが，それでも議論をして次の提案につなげようと思ったら時間がかかるわけですよね．そのときに，どういう専門家が入ったらその議論が膨らんで，総合的なアプローチにつなげていけると思いますか．

岡部——カウンターパートのインドネシア大学で建築を専門とするエリサ先生やジョコさんに加えて，コミュニティ経済と教育の専門家たちと連携しようという構想があります．まだ，具体的にはっきりしたことはわかっていないのですが，意識としては統合的なアプローチに踏み出し始めたところです．ただ，日本側でも専門家の方々がうまく共同していかないと，次の1歩はないかなとも思っています．

村上——具体的にはどういう分野の専門家，どういう調査ができる人が入るとうまく議論が進んでいくのでしょうか．

村松——たしかに人選が難しいですね．例えば遠藤さんのような人が入っても，経済学は認識科学ですから，こういう状態だという分析はできても，こうすればいいという設計科学的な処方は下せないわけですね．じつは土谷さんのような人が入ったほうがいいのかもしれないと思っています．

岡部——そうなるとジェントリフィケーションが進みすぎる可能性があるので，警戒するかもしれません（笑）．

村松——それからもうひとつ、これは村上さんなどから学んだことですが、自分も含めて建築の人たちというのは、自分たちがやったことをあらためて評価したり反省したりするフィードバックの回路があまりなくて、やったらやりっ放し、もしくは自画自賛という傾向が強いですよね。ですから、継続プロジェクトとしてインドネシア大学のさまざまな専門の人が入るにしても、結局フィードバックの回路を持たないとやりっ放しのまま終わってしまい、ほかのところに援用できないという事態にもなりかねない。そういう意味では、ディシプリンを広げるだけでなく、自分たちをメタ的に反省する回路も同時に考えていく必要があるのではないでしょうか。

遠藤——社会経済的な側面もあわせて考えていく必要があることは誰も反対しないと思うのですが、共同空間の話を聞いていて思ったのは、誰がコストを負担するのか、そして合意形成プロセスをどうするのかという点です。個別住宅にしても支払い能力によって差が出てくるわけですね。また、ハコができた後に、その施設がどのように使われ維持されるのか、そしてそれがどのように社会経済的な機能と結びついていくのかという問題もあります。

伝統的なスラム政策では主に居住環境などの物理的側面への対応が中心だったのですが、それだけでは住民の生活水準は必ずしも向上しなかった。社会経済的な側面をなんとかしないとサステイナブルではないということで、職業支援や、貯蓄組合のようなものもやろうという話が出てきた。ただ、貯蓄組合をやるときに大事なのは、外のリソースをどうコミュニティに持ってくるかということです。コミュニティの内部だけでお金が循環するシステムをつくっても、結局、貧困層のなかでの再分配にしかならない。行政やNGOなど外部のアクターとつながっていかないと、サステイナブルな解決にはならないわけです。それが今後の課題かなと思っています。

岡部——その辺は問題意識としては持っています。合意形成の仕組みをどうしたらよいか、みんなでお金を出しあう仕組みにするのか、それを元からある相互扶助のシステムとどうリンクさせていくべきなのか、一生懸命、カウンターパートのインドネシア大学側に投げかけているのですが、ふた言目にはチキニは特殊だからと言って片付けられてしまう。結局、向こう側とこちら側の人の問題なのかなという気もします。

村上——起きていることを理解するにはどういう専門の人が必要かという問題もありますが、それとは別に、経済という観点から言うとどういう枠組みで議論をすべきなのでしょうか。格差の問題をナキニでどう考えるのか。貸し間が話題になってジェントリフィケーションが進めば、低所得者層は出ていかざるを得なくなるわけですよね。それが一番大きな問題だとするなら、低所得者層でも入ってくることができるようなビジョンを描くべきでしょう。そのためにはどうすればいいのでしょうか。

岡部——私たちも、どうしたら低所得者が住み続けられ、かつ、環境を改善できるか、そうした議論をずっと思案してきています。それでも、その道筋は容易に見つかりません。本当にあるのかどうかもわかりません。ただ、ひとつ光が見えた点としては、インドネシアの学生と日本の学生が合同でワークショップをやったときに、「あなたが2050年に、私たちが建てた建物の隣に住むと想像したときに、自分はどういう人になっていると思いますか」と質問したところ、自分の家を大きくして、そこをお店にするなどして地域の人たちに開放したいという意見が意外と多かった。自分が外からお金を持ってくる人になると向こうの学生は考えているわけです。それはひとつ大きなヒントをもらえたかなという気はしています。

村上——ただ、住民がこうしたいという話と、低所得者層でも住める場所を確保すべきという話は、少しレベルが違いますよね。後者はより広域で考えていかないといけない問題で、地元の人からは出てこないでしょう。それらはどう結びつけていけばいいのでしょうか。

岡部——それは先ほど雨宮さんも言ったように、もう少し政策とリンクさせられるよう政府に働きかけていくしかないと思っています。ただ、そのための具体的な提案ができるところまでまだいってないので、それは今後の課題ですね。

林——最後に、なぜいまアジアでこういう課題について考える必要があるのか、そしてそれを日本人の私たちが一緒になって考えることの意味について、みなさんから意見をいただけたらと思います。

土谷——日本の場合は成熟した後にさまざまな課題を迎えていて、その意味ではアジアのほかの国々とは違うのかもしれませんが、ここでの問題の処し方が

私たちにとっての大きなヒントにつながる可能性はあります．ただ，それをどういうふうに見せていくかが大事だと思うんですね．このプロジェクトが新しい暮らしのイメージを現地の人たちに見せていかなくてはいけないし，多くの人がインパクトを感じるような見せ方を考えていかなければいけない．チキニでつくられた施設が小さな変化を起こしていることは確かなので，その小さな変化を大きく見せるような，あるいは豊かなものに見せるような見せ方のほうに重きをおきたいと思っています．経済の仕組みを変える上で大事なことは，ひとりの人がここに入って具体的な成功事例をつくることです．それがほかの人にも見えたときに，変えようとする力は広く波及するでしょう．今後このプロジェクトが次のステップに入るときに，プログラム自体だけではなくて，それをどう運営するかも同時に考えていく必要がある．貸し間をやるにしても，どんな人が経営して，どういう価格設定にして，どういう人が借りるようにするのか．それによってこの街をどのようにブランディングしていくのか．そうした運営のデザインが問われてくると思うのです．例えば部屋は安いままでも，近所の人たちが部屋をきれいにする仕組みがあるとか，いかにおもしろいシナリオをつくれるかが鍵じゃないかと思っています．

雨宮——個人的には，チキニでやっていることを日本での設計活動に活かしていくのには，あまり意味を見出していません．むしろチキニでやっていることはチキニだからこそ意味を持つと考えています．ただ，村松さんが指摘されたようにフィードバックの回路を持つことは私も重要だと考えていますし，今回のプロジェクトをしっかりと今後につなげていきたい．実際にやってみて，チキニの住民の意識を変えたかな，というところもありますし，変えられなかったところもある．いいところは大きく見せて，反省すべきところはフィードバックの回路を通じてしっかり反省し，今後もインクリメンタルにやっていきたいと思っています．

遠藤——いま日本では社会保障制度の問題がさかんに論じられていますが，インドネシアやタイの下層の人びとにはもともと何もないわけです．もちろん今後これらの国で社会保障制度を整備していくことは重要なのですが，他方で社会保障などないということを前提に生きていくための知恵——コミュニティのリスク吸収能力や多面的機能やフレキシビリティなど——があって，それをこ

とさら美化するのも問題ですが、そこから学ぶべき点も少なくないと考えています。また、これらの地域では「共」の空間の使い方もうまくて、そういう面でもあるものをできる限り有効に使おうとする知恵は参考になるかと思います。最近の日本ではコミュニティと言うと、さも美しいものと考えられがちですが、同じコミュニティのなかでも階層がいろいろあり一枚岩ではないわけで、揉めごとは絶えない。むしろそこからスタートするしかないという覚悟で、揉めながら貯蓄組合をつくったりしているわけです。

　専門の知と在野の知をつなぐことが重要と最初に述べましたが、タイの事例を見ているとコミュニティ同士をつなぐ活動もあって、そこではまだまだ問題もあるのですが、ほかのコミュニティを見ることで自分たちに足りないものも見えてくる面がある。小さな変化を積み重ねていくという意味では、そういう横のつながりも大事かなと思っています。いまは政府がすべてなんとかしてくれるとか、個人だけで踏ん張れる時代ではないわけで、いろいろなアクターをつなげながら、いかにして解を見つけていくかということが重要なのだと思います。

村松──今回のチキニのプロジェクトは、地球研のメガシティプロジェクトのなかでも異彩を放っていて、実際に建物が建つということが、地球環境をやっている人たちにとってすごくインパクトがあったのではないかと思っています。そういう意味で、地球研の内部に向けたアピールになったことは確かですが、一方、私たち建築の人間にとってかたちのあるものをつくるというのは普通のことなので、地球環境やサイエンス、経済などと絡めた展開を次に期待したいという思いもあります。

　2つめは、本論の方では書かれていますが、世界中のメガシティを見たときに、貧困問題は依然として大きなテーマです。今回のプロジェクトもチキニだけで完結するのではなく、同じような課題に取り組んでいるほかの地域の知見とつなげたり、比較したりするということも今後必要なことではないでしょうか。

　3つめは、私は建築史をやっている人間ですので、歴史的な観点がもっとあってもよかったかなと思っています。「衣食足りて礼節を知る」ではありませんが、ジョグジャカルタなどの伝統的な地域などで、お金持ちの人たちや成熟

した人たちが持っている住宅の知恵に目を向けてみるなど，インクリメンタリズムという目先の解法で変えていくだけではなくて，歴史的な居住のビジョンがあってもよかったのではないかと思います．よく言えば，そうしたことがこれからの課題として見えてきたことも，成果のひとつだと考えています．

［2015 年 2 月 16 日，東京大学生産技術研究所にて］

編者・執筆者紹介

村松　伸　［編者］（東京大学生産技術研究所教授・総合地球環境学研究所客員教授）［担当：シリーズ刊行にあたって，第1章，座談会］
岡部明子　［編者］（東京大学大学院新領域創成科学研究科教授）［担当：第1章，第2章，第5章，第6章，座談会］
林　憲吾　［編者］（総合地球環境学研究所センター研究推進支援員）［担当：第3章，座談会］
雨宮知彦　［編者］（ユニティデザイン一級建築士事務所）［担当：第4章，座談会］

安部遼祐　（東京大学大学院工学系研究科特任研究員）［担当：第3章］
原科幸爾　（岩手大学農学部准教授）［担当：第3章］
村上暁信　（筑波大学システム情報系教授）［担当：第3章，第5章］
三村　豊　（総合地球環境学研究所センター研究推進支援員）［担当：第3章］
山下嗣太　（京都大学大学院文学研究科博士後期課程）［担当：第3章］
吉田貢士　（茨城大学農学部准教授）［担当：第5章］
エファワニ・エリサ　Evawani Ellisa（インドネシア大学工学部准教授 Universitas Indonesia, associate professor）［担当：第5章］
ジョコ・アディアント　Joko Adianto（インドネシア大学工学部講師 Universitas Indonesia, lecturer）［担当：第5章］
遠藤　環　（埼玉大学人文社会科学研究科准教授）［担当：座談会］
土谷貞雄　（株式会社貞雄代表）［担当：座談会］

メガシティ 6
高密度化するメガシティ

2017 年 1 月 13 日　初　版

［検印廃止］

編　者　村松伸／岡部明子／林憲吾／雨宮知彦

発行所　一般財団法人　東京大学出版会

　　　　代表者　古田元夫

　　　　153-0041　東京都目黒区駒場 4-5-29
　　　　http://www.utp.or.jp/
　　　　電話 03-6407-1069　Fax 03-6407-1991
　　　　振替 00160-6-59964

印刷所　大日本法令印刷株式会社
製本所　誠製本株式会社

© 2017 S. Muramatsu, A. Okabe, K. Hayashi & T. Amemiya, editors
ISBN 978-4-13-065156-1　Printed in Japan

JCOPY　〈(社) 出版者著作権管理機構　委託出版物〉
本書の無断複写は著作権法上での例外を除き禁じられています．複写される場合は，そのつど事前に，(社) 出版者著作権管理機構（電話 03-3513-6969，FAX 03-3513-6979，e-mail : info@jcopy.or.jp）の許諾を得てください．

人口1000万人以上を擁する都市＝メガシティが地球環境と
共生していくことができるのかを総合的に問う世界初のシリーズ

メガシティ［全6巻］
シリーズ編者　村松伸

1 メガシティとサステイナビリティ（村松伸／加藤浩徳／森宏一郎編）
2 メガシティの進化と多様性（村松伸／深見奈緒子／山田協太／内山愉太編）
3 歴史に刻印されたメガシティ（村松伸／島田竜登／籠谷直人編）
4 新興国の経済発展とメガシティ（村松伸／山下裕子編）
5 スプロール化するメガシティ（村松伸／村上暁信／林憲吾／栗原伸治編）
6 高密度化するメガシティ（村松伸／岡部明子／林憲吾／雨宮知彦編）

A5判並製，各巻平均300頁，各巻定価（本体価格3400〜4800円＋税）